'게임'만큼 바라보는 시각에 따라 세대 차이가 큰 단어도 없다. 관점이 다르니 소통도 어렵다. 속 시원한 지침서 하나를 애타게 기다렸는데, 이장주 박사가 그 어려운 일을 해냈다. 문제를 깊고 넓게 바라보는 심리학자의 시각이 돋보인다. 게임 때문에 고민하는 부모들에게 자신 있게 권한다.

— **김경일**(아주대 심리학과 교수, 게임문화재단 이사장)

이 책은 부모 세대의 막연한 공포를 용기로 바꿔준다. 아이들이 게임을 좋아하는 이유부터 게임이 바뀌나갈 세상까지, 가장 현실적이고 보편타당한 사실로 현상을 설명한다. 아이의 행동을 이해하기 위해서는 먼저 세상이 어떻게 바뀌었는지 들여다봐야 한다. 메타버스 시대에는 세상과의 소통법도 달라진다. 이 책을 통해 아이와 게임을 바라보는 시선이 달라지고, 두려움이 기대감으로 바뀌는 경험을 맛보시라.

— **강민우**(게임전문웹진 〈인벤〉 편집장)

공부와 담을 쌓은 학생이 게임을 진로로 택한 뒤 대학에 진학해 게임 개발자로 성장하는 과정을 목격한 적이 있다. 삶을 바라보는 태도가 완전히 바뀐 모습이었다. 자존감은 반복 연습을 통해 습득하는 내면의 기능이다. 삶에 긍정적인 의미를 부여하는 강력한 요소다. 부모와 교사가 아이들의 문화를 어떻게 바라보는가가 아이의 미래를 결정짓는다.

— **방승호**(서울시교육청 교육연구관, 前 아현산업정보학교 교장)

다큐멘터리 제작 중에 한 아빠를 만났다. 그는 게임하는 아이 옆에서 '이겨라' 응원을 하고, 게임 정보를 공유하고 소통했다. 아이는 게임을 좋아하지만 일상이 무너지지 않았고, 오랜 시간 게임을 즐기지만 게임 중독도 아니었다. 아빠가 가진 게임에 대한 철학은 아이와의 소통에서 자신감으로 나타났다. 부모들이 이 아빠의 철학과 자신감을 배워야 한다고 생각한다. 그 아빠가 바로 이 책의 저자 이장주 박사다.

– 전옥배(해비치미디어 대표, 다큐멘터리 〈게임, 공부의 적일까요?〉 연출)

이 책은 단순히 게임하는 아이에 대한 고민만 다루지 않는다. 내 아이의 전반적인 삶이 균형을 잡을 수 있게 부모를 일깨우는 책이다. 게임하는 아이들의 심리와 현재 상황이 잘 기술되어 있어 심리상담 전문가들에게도 유용하다.

– 조현섭(총신대 중독재활상담학과 교수, 前 한국심리학회 회장)

게임세대
내 아이와
소통하는 법

게임세대 내 아이와 소통하는 법

초판 1쇄 발행 2021년 6월 25일
초판 2쇄 발행 2021년 7월 20일

지은이 이장주

펴낸이 조기흠
편집이사 이홍 / **책임편집** 최진 / **기획편집** 이수동
마케팅 정재훈, 박태규, 김선영, 홍태형, 배태욱 / **디자인** 이슬기 / **제작** 박성우, 김정우

펴낸곳 한빛비즈(주) / **주소** 서울시 서대문구 연희로2길 62 4층
전화 02-325-5506 / **팩스** 02-326-1566
등록 2008년 1월 14일 제 25100-2017-000062호
ISBN 979-11-5784-519-4 03590

이 책에 대한 의견이나 오탈자 및 잘못된 내용에 대한 수정 정보는 한빛비즈의 홈페이지나
이메일(hanbitbiz@hanbit.co.kr)로 알려주십시오. 잘못된 책은 구입하신 서점에서 교환해드립니다.
책값은 뒤표지에 표시되어 있습니다.

⌂ hanbitbiz.com 🇫 facebook.com/hanbitbiz 📧 post.naver.com/hanbit_biz
▶ youtube.com/한빛비즈 📷 instagram.com/hanbitbiz

지금 하지 않으면 할 수 없는 일이 있습니다.
책으로 펴내고 싶은 아이디어나 원고를 메일(hanbitbiz@hanbit.co.kr)로 보내주세요.
한빛비즈는 여러분의 소중한 경험과 지식을 기다리고 있습니다.

지혜로운 부모는 게임에서 아이의 미래를 본다

게임세대
내 아이와
소통하는 법

· 이장주 지음 ·

GAME LITERACY
GUIDE

한빛비즈
Hanbit Biz, Inc.

차례

1부 게임하는 아이의 속마음

2부 게임이 스펙이 되는 세상

3부 게임세대 아이를 위해 부모는 무엇을 준비해야 하나

4부 게임세대 아이와 소통하기

프롤로그

포노사피엔스 자녀를 둔
호모사피엔스 부모의 두려움

아이가 게임에 몰두해서 넋이 나간 듯 화면만 바라보고 있는 모습을 보면 뭔가 크게 잘못되고 있는 것은 아닌지 덜컥 겁이 나기도 합니다. 종일 스마트폰을 옆에 끼고 있는 모습을 보면 아무것도 안 하고 허송세월하고 있는 것 같아 조바심도 납니다. 그 시간에 책을 보거나 운동이라도 하면 좋으련만, 좋은 말로 몇 번 타이르다가 속이 터져 큰소리를 내고 맙니다. 그러면 아이는 있는 짜증 없는 짜증을 다 냅니다.

가끔 진짜 내 아이가 맞는가 싶기도 합니다.

'포노사피엔스Phono Sapiens'는 스마트폰을 신체의 일부처럼 여겨 스마트폰이 없으면 생활이 힘든 세대를 지칭하는 용어입니다. 지금 우리 아이들을 이보다 더 적당한 표현으로 부르기 어려울 것 같습니다.

2021년 3월 발표된 우리나라 청소년 스마트폰 이용 실태를 보면 평일 기준 4시간 이상 사용하는 비율이 남학생은 48.6%, 여학생은 63.8%였습니다. 주말에는 시간이 더 늘어 여학생의 경우 40% 가량은 8시간 이상을 사용한다고 답했습니다.

사람들이 스마트폰을 통해 주로 무엇을 하나 조사해봤습니다. 코로나19가 막 확산되던 2020년 1분기 자료에 의하면[1], 전체 앱 다운로드 310억 건 중 게임이 130억 건이었습니다. 무려 40%를 차지했습니다. 더 놀라운 것은 230억 달러(약 28조 원)에 달하는 앱 마켓 매출액 중 72.6%의 매출이 게임 앱으로 발생했다는 점입니다. 매출 수치로만 보면 스마트폰은 통신기기보다는 게임기에 가깝습니다.

2020년 한국콘텐츠진흥원 조사에 의하면, 10대 청소년의 90% 이상이 게임을 즐기는 것으로 조사됐습니다. 미국의 경우 9~12세 어린이의 2/3가 로블록스 게임을 즐기는 것으로 알려져 있습니다. 이용자가 대략 2억 명으로 추산되며, 평균 이용 시간은 2시간 26분으로 유튜브 54분을 능가합니다. 모국어를 습득하듯 어렸을 때부터 자연스럽게 게임을 접해온 아이들, 말 그대로 뼛속까지 게임세대Game Generation인 것입니다.

본격적인 질문을 해봅시다. 요즘 아이들이 게임을 많이 해서 이전보다 더 멍청하거나 심성이 악해졌을까요? 사실 그런 증거는 어디에도 없습니다. 세대가 거듭됨에 따라 지능이 높아진다는 플린 효과Flynn Effect를 들이댈 필요도 없습니다. 저희 집 아이들은 제가 공부하는 심리학 이론들을 따로 알려준 적이 없는데 이미 알고 있었습니다. 어디서 배웠냐 물어보니 대부분 유튜브나 학습서 지문에서 읽었다고 합니다. 제가 대학에서 배운 것을 요즘 아이들은 이미 중고등학생 때 접하고 있습니다.

사회 전반의 범죄는 지속적으로 줄어들고 있습니다. CCTV에 찍히고, 스마트폰에 찍히고, 녹음이 일상이 된 요즘 완벽한 범죄를 꿈꾸는 것이야말로 멍청한 사람이 하는 일입니다.

한스 로슬링Hans Rosling이 쓴 《팩트풀니스》에 의하면, 미국에서는 1990년 1,450만 건의 범죄가 일어났습니다. 이후 범죄 건수는 지속적으로 줄어 2016년 950만 건을 밑도는 수준으로 떨어졌습니다. 그런데 사람들에게 "1년 전보다 범죄가 늘었을까, 줄었을까?"를 물으면 응답자의 50% 이상이 "더 늘었다"고 답했습니다. '아마 그럴 것'이라는 자신의 짐작을 사실이라고 믿은 겁니다.

왜 이런 착각이 나왔을까요? 사람들은 누구나 낯선 현상에 공포를 느낍니다. 어찌 될지 모르니 일단 피하도록 본능에 프로그램화된 것입니다. 아주 현명하고 지당한 대응입니다. 그런데 문제는 실제로 공포가 있는지 확인해 제거하거나 확실히 안심할 수 있는 상황을 만들지 않고, 공포의 대상을 '나쁜 것'으로만 인식한 후 지속적으로 피하려고만 한다는 겁니다. 그리고는 자신이 '나쁜 것'이라고 믿는 이유를 찾으려고 합니다. 자신의 믿음이 사실은 '나쁨'의 원인이었던 겁니다.[2] 과거에 만화와 록앤드롤 같은 음악을 '나쁜 것'으로 여겼다면, 지금은 그 자리를 스마트폰과 게임이 차지하고 있습니다.

생각이 잘 안 나거나 말이 잘 안 나올 때 손짓 발짓이 자연스럽게 나옵니다. 역으로 손과 팔을 고정시키고 연설을 하라고 하면 말이 잘 나오지 않습니다. 이는 실제 실험을 통해 증명된 적도 있습니다. 생각이나 말은 머릿속으로만 하는 것이 아니라 온몸으로 이루어지는 과정이기 때문입니다. 스마트폰이 신체의 일부가 된 포노사피엔스 아이들은 스마트폰이 없으면 말과 행동이 부자연스러워집니다. 손과 팔을 묶고 연설할 때와 비슷한 상황으로 볼 수 있습니다.

스마트폰을 넘어 더 낯선 기술들이 지금 우리 일상 속으로 들어오고 있습니다. 게임과 스마트폰도 제대로 해결하지 못하는데 이런 신기술이 쳐들어오면 어떤 일이 벌어질까요? 상황이 이렇다 보니 AI와 로봇이 인간의 일자리를 빼앗아 간다는 무서운 주장들을 어렵지 않게 볼 수 있습니다.

40대 중반 이상의 부모님들은 어릴 때 주산, 부기, 타자 학원이 흔했던 걸 기억하시지요? 1980년대 컴퓨터가 보급되면서 타자를 전문으로 치는 타자수가 사라졌고, 버스 문이 자동으로 개폐되면서 버스 안내양이 사라졌습니다. 이러한 기술 때문에 당시 젊은이들이 일자리를 잃었나요? 오히려 컴퓨터와 자동화기기를 활용하는 사람들이 늘고, 이들이 더 많은 일자리에서 경쟁력을 얻었습니다.

우리 아이들의 미래도 마찬가지입니다. AI와 로봇은 아이들과 경쟁하는 대상이 아닙니다. 이 기술을 내 몸처럼 잘 다룰 수 있느냐 없느냐가 미래의 경쟁력을 좌우합니다. 그래서 근거가 불분명한 게임 공포의 근원을 확인하고 현명하게 대응하려는 노력이 필요합니다. 안심해도 되는 부분과 위험한 부분을 명확히 구분만 할 수 있다면 걱정은 확연히 줄어듭니다. 뿐만 아니라 집중적으로 문제에 대응해 효과적인 처리를 기대할 수 있습니다.

게임세대가 이끄는 게임 시대

게임은 전 세계적으로 빠르게 성장하는 산업이자 문화입니다. 2020년 12월 발표된 국내 게임 시장의 규모는 15조 5,750억 원으로 전년 대비 9.0% 증가했습니다. 2010년부터 2019년까지 지난 10년 동안 국내 게임 산업은 연평균 9%에 달하는 성장률을 보여줬습니다. 같은 기간 우리나라의 경제 성장률이 3.3%였던 것과 비교하면 거의 3배에 가까운 성과입니다. 전 세계 게임 시장의 규모는 약 1,865억 달러(약 205조 원)로 전년 대비 5% 성장했습니다. 우리나라는 그 엄청난 시장에서 다섯 손가락 안에 드는 강국입니다.

게임 산업의 성장 바탕에는 게임을 이용하는 게이머가 있습니다. 뉴주newzoo라는 시장조사업체 발표에 의하면, 2019년 현재 전 세계적으로 게임을 즐기는 이용자는 32억

순위	국가	시장 규모	비중
1	미국	37,523	20.1
2	중국	34,906	18.7
3	일본	21,989	11.8
4	영국	11,730	6.3
5	한국	11,611	6.2
6	프랑스	8,957	4.8
7	독일	8,799	4.7
8	이탈리아	4,615	2.5
9	캐나다	3,706	2.0
10	스페인	3,596	1.9
이하	기타	39,059	20.9

단위: 백만 달러, %

전 세계의 게임 시장 점유율 (출처: 2020 대한민국 게임백서)

명으로 추산됩니다. 우리나라의 경우 2020년 기준 10~60대 조사대상 인구 중 70%가 게임을 즐기는 것으로 나타났습니다. 게임은 많은 사람들이 즐기고 있고, 성장률도 매우 높은 분야임이 분명합니다.

이런 경향이 잠시 나타나는 유행인가, 아니면 시대의 변화를 보여주는 변곡점인가를 판단하기 위해서는 좀 더 멀리 떨어져서 봐야 합니다. 역사적으로 시대적 '가치'들이 어떻게 바뀌었는지를 살펴보는 일은 중요합니다. 신생산업인 게임의 가치를 조망하는 데 도움이 됩니다.

사실 아이들이 게임을 하는 게 마뜩잖은 까닭은 '가치 없는 행위'라는 생각이 근저에 깔려있기 때문이기도 합니다. 아이가 가치 있는 무언가를 하기를 바라는 건 부모의 보편적 정서이기도 하지요. 그럼 정말 게임은 가치가 없는 일일까요?

'가치'의 역사를 잠시 살펴봅시다. 16세기 유럽은 금과 은을 무역의 거래 수단으로 삼았습니다. 금과 은을 많이 모으는 것이 국가의 권력과 번영을 높이는 방법이라 여겨 중상주의가 나타났습니다.

그러다 18세기 중반 중농주의가 나타납니다. 생활의 모든 기반이 땅에서 나오고, 그게 가치의 핵심이라고 여겼습니다. 이때는 자연의 생산물을 인간 사회로 가져오는 일(농업, 어업, 광업 등)을 하는 사람이 생산적인 계급이었습니다. 그 외의 것은 모두 비생산적인 것이라 여겼습니다.

18세기 말부터 가치는 노동에서 나온다는 고전경제학이 나타납니다. '일하지 않는 자, 먹지도 말라'는 구호는 노동가치설을 가장 잘 대변해줍니다. 그다음으로 '주관적인 가치가 핵심'이라는 한계효용 이론을 주장하는 사람들이 등장합니다. 배가 고플 때는 밥이 최고지만, 배가 부른 사람에게 밥은 그다지 가치가 없다는 겁니다. 대신 이들은 즐겁고 보람 있는 일을 찾습니다.

1979년 미국에서 맥도날드 해피밀 세트가 처음 등장합니다. 햄버거에 장난감을 끼워 주는 해피밀은 장난감으로 아이들을 현혹한다고 해서 비판이 거셌습니다. 그러나 해피밀 세트는 지금까지 성공적으로 이어져오고 있습니다. 시야를 조금 넓혀 보면 그 무렵부터 먹을 것이 풍족해 비만 현상이 널리 퍼지고, 다이어트 산업까지 등장합니다. 또 자동화 기계의 등장으로 생산성은 올라가고 노동 시간은 줄어듭니다. 개인과 가정의 즐거움을 주는 산업이 주류가 됩니다. '즐거움'이 사회를 주도하는 가치의 변화가 일어난 겁니다.

게임, 영화, 음악과 같은 엔터테인먼트 산업에 큰돈이 몰리고, 세상 사람들의 이목이 집중되는 건 당연한 일입니다. 아이들이 이런 엔터테인먼트에 관심을 기울이는 것도 자연스러운 현상입니다. 아이들이 잘못된 것이 아닙니다. 아이들이 세상의 흐름에 더 민감하기 때문입니다.

게임을 비롯한 엔터테인먼트 산업이 성장한 배경에는 앞에서 설명한 '가치의 변동'이라는 흐름이 있습니다. 현재 성장하고 있는 산업이 시대적 흐름임을 이해해야 한다는 뜻입니다. 다시 배고픈 시절이 올까요? 모두가 몸을 사용해 노동하는 시절이 올까요? 이제는 게임을 중심으로 한 엔터테인먼트에 돈과 명예, 존경 같은 경제·사회·문화적 가치가 집중되고 있습니다. 지금의 역사는 그쪽을 가리키고 있습니다.

2006년 니콜라스 이Nicolas Yee 라는 학자는 '재미노동Fun labor'[3]이라는 아주 색다른 개념을 내놓습니다. 그는 2000년부터 2003년까지 3만 명의 북미 게임 이용자들을 대상으로 실태조사를 진행해 게임 이용자의 평균 연령이 26세이며, 일주일 평균 22시간을 게임 속에서 보낸다고 보고했습니다. 그리고 이들의 활동이 현실의 노동과 흡사하다는 점[4]을 발견합니다. 장시간 게임을 이용하는 이들이 아이템을 제작하고 새로운 장소를 개척하고 레벨을 높이고 새로운 스킬을 배우기 위해 현실 노동과 유사한 고통의 시간을 보내고 있더라는 겁니다.

재미노동은 가상세계 내에서 자신을 성장시키고 공동체 구성원의 존경을 받으며, 그들과 끈끈한 인간관계를 추구하는 기반이 됩니다. 실제 취미 공동체에서 고수나 리더의 역할과 비슷합니다. 재미노동의 대표적인 사례로 게임 안에서 희귀한 재료를 모아 최초로 칼을 만든 명인, 무수한 불황과 위기 상황을 넘기고 방직 기술의 최고 경지에 오른 명인 등이 꼽히기도 했습니다.[5]

코로나19 이후 더욱 입소문이 난 힐링 게임 '동물의 숲'은 어떤가요? 게임 안에서 얻을 수 있는 곤충과 동물을 채집하는 단계를 넘어 게임 내에 존재하는 거의 모든 것을 수집해 초대형 박물관을 짓는 사람까지 나타났습니다. 세계의 게이머들은 이런 사람에게 존경과 감탄의 인사를 보냅니다.

'데스 스트랜딩Death Stranding'이라는 게임의 배경은 세계 각 지역에서 괴현상이 일어나 사람들이 고립되어 살게 된 시대입니다. 게임의 주인공은 이런 사람들에게 음식, 약품 등 필요한 물품을 배달합니다. 그래서 '쿠팡맨' 게임이라는 별명이 붙어 있기도 합니다. 산 넘고 물 건너 물품을 배달하는 과정에는 험한 지형을 극복해내는 인내의 시간이 필요합니다. 이때 누군가 도로를 건설해 놓으면 많은 게이머들이 신속하고 안전하게 배달을 마칠 수 있지요. 어느 한국인 게이머가 이 게임에서 구축한 도로는 게임 전체의 절반을 커버하는 어마어마한 규모였습니다. 한국도로공사급의 업적을 이루어낸 이 게이머에게 다른 게이머들은 '금손'이라는 호칭을 붙여 추앙했습니다.

여러 명이 협업해 만든 대규모 도시 맵이나 놀라운 스킬을 가르쳐주는 프로게이머 유튜버들도 재미노동을 확장시키는 사례들입니다. 자칫 게임에 중독된 사람처럼 보이기도

하지만, 게임 속에서 재미노동을 구현해 친구와 명성, 경제적 소득을 동시에 얻는 사람인 것입니다.

게임 시장 규모의 성장과 기술의 비약적인 발전으로 수많은 재미노동자들이 만들어낸 가상의 서비스들이 게임 밖으로 영향을 미치기 시작했습니다. '메타버스Metaverse'라는 이름으로 말입니다.

게임문화재단 이사인 강원대 김상균 교수는 '메타버스'를 가상Meta과 현실Universe의 융합세계로 설명하면서 대표적인 사례로 로블록스, 제페토, 포트나이트 같은 게임 사례를 들고 있습니다.[6] 시장조사기관 스트래티지 애널리틱스(SA)는 2025년 메타버스 시장 매출이 2,800억 달러(약 317조 원) 수준에 달할 것으로 추정하고 있습니다. 이런 추세에 발맞춰 2021년 5월 과학기술정보통신부를 중심으로 현대차, SK텔레콤, 서울대병원 등 25곳이 참여하는 조직 '메타버스 얼라이언스'가 결성되기도 했습니다.

여기서 중요한 점은 전망이 아니라 노동이 호환되는 현상이 본격적으로 나타났다는 것입니다. 현실 노동이 가상세계로 들어가기도 하고, 가상세계의 노동이 현실의 금전으로 이어지기도 합니다. 게임 속으로 출근해서 게임을 플레이

하는 것도 일이 되는 시대가 본격적으로 열린 것입니다. 스필버그 감독의 영화 〈레디 플레이어 원〉이 현실로 다가오고 있는 것입니다.

메타버스는 최첨단 IT기술 및 문화가 집약된 전략적 요충지여서 마이크로소프트·구글·아마존·엔비디아 등 주요 글로벌 테크 기업들이 메타버스 선점을 위해 치열하게 경쟁하고 있습니다. 게임과 무관했던 자동차, 패션, 식음료 등의 기업들도 게임과 협업을 추구하고 있습니다. 거의 모든 회사들이 게임을 향해 질주하고 있는 양상입니다. 게임 시대가 이미 우리 곁에 자리 잡고 있었던 겁니다.

아이들이 선망하는 회사들은 아이들이 즐기는 게임 속에 비전을 만들기 위해 부단히 노력하고 있습니다. 그럼 이런 회사가 필요로 하는 핵심 인력은 어떤 역량을 가지고 있어야 할까요? 학교 공부와 무관하지는 않겠지만, 학교에서 가르쳐줄 수 없는 것들임에 분명합니다.

메타버스를 지향하는 회사들은 인재를 선발할 때 어떤 게임에서 어떤 활동과 성취를 거두었는지 확인할 수밖에 없습니다. 지금 아이들이 하고 있는 게임은 결코 현실과 동떨어진 것이 아닙니다. 현실과 어떻게 연결시키는가에 따라 엄청난 경쟁력이 될 수 있는 원석에 가깝습니다.

잘 모르는 것 앞에서는 일단 조심해야 하는 게 최선의 방법일 수 있습니다. 하지만 세상은 빨리 바뀌고 아이는 더 빨리 자랍니다. 언제까지 게임을 조심해야 할 대상으로 바라볼 수 없습니다. 중요한 기회일 수 있기 때문입니다. 지나가면 다시 만나기 어려운 그런 기회 말입니다.

지혜로운 부모란?

세상이 급변할수록 지식의 유통 기한은 짧아질 수밖에 없습니다. 과거에 맞았던 것이 현재도 맞다고 보장할 수 없습니다. 지식이 문제가 아니라 그 지식을 어떻게 판단해 적절하게 사용할 것인가가 점점 더 중요해지고 있습니다. 이것을 우리는 '지혜'라고 부릅니다. 지금 우리 아이에게는 지혜로운 부모의 중요성이 점점 더 증가하고 있습니다.

흔히 지혜는 지식과 통찰, 판단력으로 구성된다고 합니다.[7] 먼저 '지식'입니다. 아는 것이 힘이라는 말은 게임에서도 예외가 아닙니다. 아이들이 하는 게임은 어떤 것인지, 게임이 다른 영역과 어떤 관계에 놓여 있는지, 게임이 아이들에게 어떤 영향을 미치고 있는지 다각도로 살펴보고 알아둘 필요가 있습니다. 조금씩이라도 지식이 쌓이면 두려움은 줄어들고, 대응에 있어 자신감이 생깁니다.

지식을 종합해 우리 아이에게 도움이 될 수 있는 방법을 찾을 때 '통찰'이 필요합니다. 지식을 통해 다시 보게 된 현상은 이전과 분명 달라 보입니다. 게임하는 아이에 대한 새로운 시각이 생기고, 지금 우리 아이에게 필요한 것과 도와줘야 할 부분이 무엇인지에 대한 방향을 갖게 됩니다.

마지막으로 '판단력'입니다. 지식과 통찰이 실현될 수 있는 상황과 맥락에서 가장 적합한 선택을 하는 능력입니다. 예를 들어 봅시다. 초등학생 이전의 아이는 아직 스스로 게임을 통제하기 어렵습니다. 이 지식은 게임하는 시간을 못 지킨다고 해서 내 아이를 마냥 혼내는 행동이 효과가 없을 수 있다는 통찰을 이끌 수 있습니다. 그럼 아이의 통제력도 기르면서 게임의 잠재력도 유지하기 위해 아이에게 무엇을 해줘야 할까요?

이 책은 크게 4부로 구성됐습니다.

1부는 게임하는 아이들의 속마음에 대한 내용입니다. 아이들은 어리지만 어른과 마찬가지로 사람입니다. 속마음을 읽어주고 그 욕구를 해소할 수 있다면 갈등은 줄어들고 좀 더 생산적인 일을 할 수 있는 가능성이 커집니다. 그런 점에서 아이들이 게임을 할 때 무엇을 느끼고 원하는지, 게임이 아이들의 일상에서 갖는 역할은 무엇인지 살펴봅니다.

2부는 게임이 스펙이 된 세상을 다룹니다. 지금 게임은 아이나 청소년을 넘어 전 세계 남녀노소가 즐기는 보편적인 문화입니다. 게임은 첨단기술과 융합해 기술 혁신의 메신저가 되고 있기도 합니다. 이러한 기술을 운용하는 회사들은 게임 경험이 많거나 게임을 재미있게 만드는 개발자들을 간절히 원하고 있습니다. 게임을 좋아하는 아이들이 진출할 수 있는 분야는 이제 프로게이머에 한정되어 있지 않습니다. 이제 거의 모든 분야에 진출할 수 있습니다.

3부부터 본격적으로 부모의 마인드와 태도에 관한 지침을 다룹니다. 상대를 알고 나를 알면 백 번 싸워도 위태롭지 않다고 합니다. 여기서 상대는 아이와 게임입니다. 그 전에 부모 자신에 대한 점검이 필요합니다. 게임에 대해 부모가 갖고 있는 편견과 착각은 없는지, 잘되라고 지도하는 방향이 오히려 아이의 미래를 가로막고 있는 것은 아닌지 살펴봐야 합니다. 게임세대 아이들과 소통하고 아이들의 잠재력을 키워주기 위해 필요한 지식과 그 방향을 정리했습니다.

4부는 게임세대와 소통하는 방법입니다. 부모가 어떻게 지도하고 후원하느냐에 따라 아이의 잠재력은 천차만별로 바뀔 수 있습니다. 이런 점에서 게임하는 아이들과 원활하게 소통할 수 있는 방법을 모색해봤습니다.

아이들을 인정하고 존중하는 것은 게임뿐만 아니라 거의 모든 분야에서 통하는 마법의 열쇠입니다. 게임하는 아이들을 인정하고 존중해주는 방법은 뭘까요? 게임과 관련된 규칙을 만들고 지키기에 앞서 이런 규칙이 왜 필요한지에 대한 가치를 전달할 필요가 있습니다. 부모와 아이가 그 가치를 함께 공유하면 엄격하게 규칙을 정할 필요는 오히려 줄어듭니다.

자, 그럼 저와 함께 우리 아이들을 위해 꼭 필요한 소통의 미션을 수행해보시지요.

1부

게임하는 아이의 속마음

GAME LITERACY GUIDE

게임중독을 걱정하기 전에
알아야 할 것들

게임 하면 제일 걱정스러운 일은 '게임중독'일 겁니다. 2019년 5월 WHO에서는 게임중독을 '게임이용장애Gaming Disorder'라는 이름의 질병으로 발표하기도 했습니다. 공신력 있는 기관의 발표에도 불구하고 이에 반대하는 전문가도 적지 않습니다. 2018년 3월 옥스포드대, 존스홉킨스대 등 정신건강 및 사회과학계의 세계적인 석학 36명은 〈과학적 근거가 약한 게임이용장애〉라는 논문을 통해 반대 근거를 밝힌 바 있습니다.[8] 쟁점은 크게 세 가지로 요약할 수 있습니다.

첫째, 이것이 게임 때문에 생기는 현상인가, 아니면 다른 문제가 게임으로 나타나는 것인가. 즉 게임이 원인인가, 결과로 나타난 현상인가의 쟁점입니다.

두 번째, 게임이용장애를 병이라고 할 수 있는 증거가 명확한가, 또는 질병으로 구분할 수 있는 객관적인 기준이 있는가. 게임을 좋아하는 사람이나 프로게이머, 게임 방송을 하는 스트리머를 지망하는 사람과 병적 환자를 구분할 수 있는 기준이 있는가 여부입니다.

세 번째, 질병으로 판단한다면 치료법은 존재하는가, 또는 당사자에게 명확한 이점을 제공할 수 있는가. 즉 게임을 심하게 한 아이들에게 정신질환자 낙인을 찍을 만큼의 이점이 있는가.

이 세 가지 쟁점에 대해 무엇 하나 분명하게 밝혀진 것이 없는데 서둘러 공식질병화를 하는 것은 게임하는 아이들이나 부모, 국가와 사회 누구에게도 이롭지 않다는 것이 게임중독 질병 분류에 반대하는 사람들 입장입니다.

게임을 과하게 하는 문제를 질병으로 보지 않는 쪽에서는 '게임중독'이라는 말 대신 '게임과몰입'이나 '과의존'이라는 표현을 선호합니다. 게임하는 아이들을 둔 저 역시 '게임과몰입'이 적절한 표현이라고 생각합니다만, 여기서는 독자에게 익숙한 '게임중독'이라는 용어를 그대로 사용하겠습니다.

게임중독을 질병으로 보는 데 반대하는 이유는 이렇습니다. 보통 새로운 현상은 낯설기 때문에 문제로 보이는 경우가 많습니다. TV가 많이 보급됐을 때 많은 사람이 'TV 중독'을 이야기했고, 휴대전화가 급속히 보급될 무렵에는 '휴대전화 중독'을 이야기했습니다. 그러나 지금은 TV나 휴대전화 중독을 병이 될 만한 문제로 보는 사람이 드뭅니다. 그만큼 보편화되고 익숙해지면서 자연스럽게 대처법을 마련한 것입니다.

게임중독도 비슷한 경로에 있습니다. 보건복지부 발표에 의하면, 전국 50개 중독통합관리센터에서 2019년 한 해 동안 인터넷 및 게임중독으로 상담을 받은 건수는 72명에 불과합니다. 1년 동안 센터 한 곳당 1.4명이 상담을 받았다는 이야깁니다. 2017년 228명, 2018년 101명, 2019년 72명으로 그 숫자는 계속 줄었습니다. 질병코드로 등록되기 전인데도 이런 현상이 벌어졌다는 것은 실제로 질병화가 필요한지에 대해 심각하게 반문해볼 대목입니다. TV 중독을 이제 와서 질병으로 분류하는 것과 비슷한 일입니다.

두 번째, 게임에 많은 시간을 쏟는다고 해서 이를 치료해야 할 질병으로 본다면 메타버스 시대에 게임 속에서 발견되고 길러져야 할 재능과 역량이 진로로 연결되는 길을 막게 됩니다.

게임은 청소년의 중요한 여가이자 문화입니다. 미래의 일자리와도 밀접한 연관이 있습니다. 그런데 게임의 질병화는 혐오를 유발합니다. 실제로 질병코드 논란이 일자 일부 대학의 게임학과 지원자가 급감하는 일이 벌어지고 있습니다. 단순한 논란이 있을 뿐인데 실제로 질병코드가 공식화된다면 그 결과를 더욱 심각하게 생각하게 됩니다.

왜 이런 일이 벌어지는 걸까요? 우리는 이를 '질병 혐오'라는 본능으로 이해할 수 있습니다. 질병과 관련이 되어 있다면 사람, 물건, 지역 등에 대해 자연적으로 불쾌한 감정이 생깁니다. 오랫동안 인류는 질병에 대한 대처법을 뚜렷이 갖지 못했습니다. 유일하면서도 효과적인 방법은 이를 피하는 것이었습니다.

진화심리학자들은 질병을 피하고자 하는 본능기제가 발전해 '질병 혐오'가 되었다고 설명합니다.[9] 아직 명확하게 원인과 과정, 결과에 대해 밝혀진 것이 없는데 '게임이용장애'라는 명칭을 붙이는 일은 게임에 대한 근거 없는 혐오를 불러일으켜 산업과 문화 경쟁력을 저하시킬 수 있습니다.

세 번째, 게임에 빠진 아이들에게 미치는 악영향입니다. 질병 혐오는 사람을 따라다닙니다. 누군가에게 정신장애가 있다고 하면 심각성 여부나 자초지종을 들어보기도 전에 우선 그 사람을 피하고 봅니다. 장애의 당사자가 나라면 어떨까요? 다른 사람들이 자신을 꺼려한다는 사실을 알고 나면 사람에게 다가가는 것이 더 두려워집니다. 행동이 위축됩니다. 보통의 신체적 질병과 달리 정신질환에는 완치라는 개념이 없습니다. 평생 짊어지고 가야 하는 멍에가 될 수 있습니다.

게임중독이라는 현상은 20대를 넘어가면서 자연스럽게 사라지는 것이 특징입니다. 사춘기 반항과 아주 유사합니다. 시간이 지나면 자연스럽게 해결될 수 있는 일을 질병으로 공식화해 평생 멍에를 지게 만들 필요가 있을까요?

아직 충분히 성장하지 않은 아이들이 감당해야 할, 약물치료로 인한 부작용도 무시할 수 없습니다. 이런 부작용들이 엄연히 존재하기 때문에 게임이용장애의 공식질병화는 매우 조심스럽게 이루어져야 합니다.

누구나 합의할 수 있는 명확한 폐해와 진단 기준, 치료의 이점이 부작용보다 월등하다는 점을 객관적으로 밝힌다면 게임중독 질병화에 반대하기 힘들 겁니다. 하지만 아직 그런 상황이 아니기 때문에 일부 뇌과학 전문가와 신경정신과 의사들이 게임중독 질병화에 우려를 표하는 것입니다.

보다 근본적인 해결책은 인간이 왜 게임을 하는지에 대한 근원적 이유를 파악해야 찾을 수 있습니다. 아쉽게도 게임질병화 논의에서는 아직 근원적인 성찰을 찾아보기 어렵습니다. 검증도 되지 않았는데 일부 사건의 원인을 게임으로 돌리며 게임을 규제해야 한다는 목소리가 계속 나오고 있습니다. 하지만 아무리 급하다 해도 바늘허리에 실을 매어 쓰지 못합니다. 왜 아이들이 게임을 하는지 찬찬히 살펴볼 필요가 있습니다.

게임보다 더 오래된
놀이 본능

디지털 게임은 최근에 나타난 기술이며 문화입니다. 하지만 그 근원은 놀이에서 출발했습니다. 철학자 요한 하위징아Johan Huizinga는 책《호모루덴스》에서 이런 놀이가 인류의 문화보다 더 오래됐다고 주장합니다. 그는 수수께끼가 철학으로 이어지고 있다고 설명합니다. 언어 놀이에서 시와 희곡이 나왔고, 음악과 미술 역시 놀이에 근원을 둡니다. 놀이의 규칙성과 경쟁 요소는 정치, 법률, 전쟁에까지 영향을 주었다고 주장합니다. 결국 인간을 인간답게 만든 요소가 놀이라면, 잘 노는 사람이 세상을 주도할 것이라는 결론에 이릅니다.

요즘 정치, 경제, 문화 등 거의 모든 분야에서 게임과 협업하는 현상이 나타나고 있습니다. 하위징아의 '놀이하는 인간'이 본성이라는 주장을 지지하는 증거라 할 수 있습니다. 잘 노는 아이의 학습력이나 창의성이 높다는 연구 결과도 종종 듣게 됩니다. 그럼 게임을 하며 노는 우리 아이의 몸과 마음에서는 도대체 어떤 변화가 일어나고 있는 걸까요?

우선 기억해야 할 점은 아이, 어른 할 것 없이 인간은 동물이라는 사실입니다. 동물처럼 인간도 태어날 때 이미 생물학적 프로그램을 지니고 세상에 나왔습니다. 그런데 인간은 다른 동물과 달리 독특한 점이 있습니다. 아동기가 매우 길다는 것입니다.

대체로 다른 동물은 태어나자마자 자기 발로 걷고 뛸 수 있습니다. 젖을 떼면서 혼자 살아나갈 수 있는 기본 능력을 지니고 태어납니다. 그런데 인간은 그렇지 않습니다. 걷는 데만 1년이 걸립니다. 제대로 몸을 움직이기 위해 또 3~4년이 걸립니다. 사회가 필요로 하는 기술을 배우는 데 또 수년이 걸립니다. 한 사람이 사회에서 제대로 기능하기 위해 준비하는 시간이 짧게 잡아도 10년, 길게 잡으면 20년이 넘게 걸리기도 합니다.

사실 아동기가 길다는 건 큰 약점입니다. 취약한 존재로

긴 시간을 보내야 하니 부모의 보호가 오랫동안 필요합니다. 다른 동물과 비교할 수 없을 정도로 장기간 심리적, 경제적 비용을 쏟아야 합니다. 인간은 왜 긴 아동기를 갖는 진화 과정을 거쳤을까요? 인간의 뇌가 불완전한 상태로 태어났기 때문이라는 설명이 설득력이 있습니다.

불완전하게 태어난 인간의 뇌는 긴 아동기 동안 환경에 적응할 수 있는 충분한 시간을 갖고 발달해 결국 만물의 영장이 될 수 있었다고 합니다. 이런 이유로 인간은 추운 극지방에서 열대 지방까지 그 어디에서도 잘 적응해 살 수 있는 능력을 보유하게 됐습니다. 날 때부터 걷고 뛸 수 있게 태어난 동물은 어미의 환경과 동일하다면 타고난 적응력을 발휘하지만, 어미와 다른 환경과 맞닥뜨리면 바로 도태되는 취약점이 있었던 겁니다.

긴 아동기는 인간이 만든 환경, 즉 문화에 적응하는 과정이기도 합니다. 우리는 자동차, 컴퓨터 같은 물건에서부터 교통법규나 예절 같은 제도까지 온통 인간이 만든 환경의 지배를 받으며 살고 있습니다. 사회가 갈수록 복잡해진다는 건 새로운 도구와 기술, 제도가 새로 만들어진다는 의미이기도 합니다. 자연스럽게 배워야 할 것은 더 많아집니다. 이 많은 것들을 아이들은 어떻게 배우고 있는 걸까요? 학자들

은 '놀이를 통해서'라고 말합니다.[10]

인간의 본능은 적응에 유리한 행동을 할 때 보상을, 적응에 불리한 행동을 할 때 경고를 주도록 설계되어 있습니다. 배고픈 아기들은 우는 행위를 통해 엄마 젖을 받아먹습니다. 프로그램화된 보상입니다. 그러나 이가 나고 음식을 먹을 수 있을 무렵이 되면, 우리 몸은 엄마 젖을 소화할 수 있는 효소를 제거합니다. 젖을 떼고 나면 자연스럽게 엄마가 해준 음식을 찾게 되는데, 대체로 단맛이 나거나 기름진 음식, 즉 고열량을 가진 음식입니다. 먹을 것이 충분치 못했던 환경에서 인류는 이런 맛이 나는 음식을 선호하도록 만들어졌습니다.

그런데 충분히 먹고도 계속 더 먹게 되면 이번에는 경고가 울립니다. 속이 불편해지거나 좋지 않은 맛을 느끼도록 바뀝니다. 더 나아가 어릴 때는 피하던 쓴맛과 매운맛도 좋아하도록 프로그램이 이어집니다. 이런 방식으로 본능은 아이가 어른이 될 수 있도록 인도합니다.

놀이도 똑같은 과정을 거칩니다. 낯을 가릴 무렵 아기들은 까꿍 놀이를 좋아합니다. 조금 더 커서 손발을 움직이는 능력이 생기면 잼잼 놀이를 합니다. 손발을 자유롭게 움직일 수 있게 되면 까꿍 놀이나 잼잼 놀이에는 흥미가 사라집니다. 이 무렵 아이들은 다른 아이들과 어울려 소꿉놀이나 숨바꼭질 같은 집단놀이를 합니다. 놀이를 통해 어른의 역할을 연습합니다. 가만히 보면 숨바꼭질은 상대의 움직임을 미리 예상하고 허를 찔러야 승리하는, 초보적인 전략놀이에 가깝습니다.

그러다 청소년기에 들면 규칙이 있는 승부인 스포츠에 열광하게 됩니다. 본격적으로 게임을 통해 자신의 능력이 뛰어남을 과시하고자 합니다. 어른들과 요즘 아이들 사이에 차이가 있다면 놀이의 장소가 바뀌었다는 점뿐입니다. 동네 놀이터나 공터가 온라인으로 옮겨왔을 뿐, 놀이라는 본질에는 변함이 없습니다.

놀이로 게임을 하는 건 괜찮지만, 너무 오랫동안 게임 하나만 하는 것은 문제가 있지 않느냐는 질문을 자주 받습니다. 맞는 말입니다. 그런데 이때 확인해볼 부분이 있습니다. 아이들이 여전히 재미있게 노는가, 그렇지 않은데도 붙잡고 있는가를 분별해볼 필요가 있습니다. 재미있게 놀고 있다면 그건 아이가 아직 습득해야 할 무언가가 그 속에 남아 있거나 그 활동에 재능이 있다는 증거라고 봐야 합니다.

전자가 아니라면 경쟁자를 이기고 싶은 욕구, 뛰어나고

싶어 하는 욕구가 강한 아이일 가능성이 높습니다. 이런 경우에는 게임을 그냥 말리는 게 능사가 아닙니다. 충분히 즐길 수 있도록 여유를 주면 욕구가 금세 채워지고, 채워진 욕구는 곧 확연히 줄어듭니다. 욕구가 아직 채워지지 않았는데 그 길이 막혀버리면 화가 나는 것이죠. 게임이 아닌 다른 경우에도 마찬가지입니다. 맛있게 먹던 음식을 빼앗아 간다든지, 단잠을 자고 있는데 이유 없이 깨운다든지, 재미있게 보고 있는 책을 빼앗는 것과 다르지 않습니다.

게임이 본능적 행위라면, 게임에 매달리는 것은 게임 자체의 문제라기보다 인간의 기본 욕구와 관련된 문제일 가능성이 높습니다. 우리 아이는 어떤 욕구에 목말라 있는 걸까요? 아이가 즐겨하는 게임을 통해 그 욕구의 근원을 파악할 수 있다면 여러분은 이미 충분히 지혜로운 부모일 겁니다.

쓸모없는 것들의
큰 쓸모

놀랍게도 아이들이 즐겨보는 TV 프로그램 목록에는 〈정글의 법칙〉이나 〈자연인이다〉 같은 프로그램이 꼭 들어 있습니다. 도시에서 태어나 앞으로도 도시에서 살게 될 대부분의 아이들에게 오지 탐험이나 산속의 생활방식은 쓸모를 찾기가 어려운 주제입니다. 배달앱 조작 몇 번만으로 편하게 의식주를 해결할 수 있는 환경에서 이런 TV 프로그램의 내용은 지극히 현실과 거리가 있는 이야기일 수밖에 없습니다. 그런데 아이들에게는 그게 바로 재미의 원천입니다. 현실에서 경험할 수 없는 비현실적인 상황, 그 속에서 좌충우돌하는 사람들의 생존 투쟁이 새로운 재미를 주는 겁니다.

〈정글의 법칙〉은 현재 우리의 삶을 보여주는 거울 같은 역할을 합니다. 편리함과 안락함이 극대화된 생활은 '재미'라는 감정의 희생 위에 세워졌습니다. 안락함에 둘러싸여 사는 사람은 일상적으로 지루함을 느낍니다. 이때 사람들은 삶의 활력을 느끼고자 재밋거리를 찾게 됩니다. 편리함과 안락함이 제거된 재미, 살아 꿈틀거리는 날것의 재미 말입니다.

프로이트Freud는 《문명 속의 불만》이라는 책에서 인간의 쾌락 본능을 희생해 안정된 문명이 이뤄졌다고 말합니다. 대체로 문명적인 것들은 하고 싶은 것과 반대 지점에 있습니다. 먹고 싶은 대로 먹거나 잠자고 싶은 대로 잠을 자서는 좋은 평가를 듣기 어렵습니다. 문명이 발달할수록 무의식적 본능이 억압되어 불만이 쌓이게 된다, 그게 프로이트의 주장입니다. 이런 불만이 지나치게 많이 쌓이면 히스테리 같은 신경증이 유발됩니다. 심하게 졸리거나 배가 고플 때 이유 없이 짜증이 나는 상태와 유사해집니다. 어쩌면 우리 인간은 재미가 고픈 상태일지도 모릅니다.

주위를 둘러보면 매력적으로 재미있는 것들은 묘하게도 거의 쓸모없는 것들입니다. 쓸모없는 것을 넘어 위험한 짓(?)일수록 인기가 높습니다. 암벽 등반이나 스카이다이빙은 위험성도 높은데 비용도 많이 들어갑니다. 그런데도 애호가가 넘쳐납니다. 《톰 소여의 모험》을 쓴 마크 트웨인은 톰 소여의 대사를 통해 핵심 메시지를 전달합니다. "꼭 해야 하는 건 일이고, 할 필요가 없는 것을 하는 건 놀이다." 정확하게 놀이의 본질을 꿰뚫은 명언이라고 생각합니다.

보통 평상적으로 하는 일의 쓸모는 굳이 따지지 않습니다. 밥을 먹거나, 운동을 하거나, TV를 보거나, 잠을 자는 등의 행위를 쓸모의 기준으로 정하지는 않습니다. 오히려 더 쓸모 있는 것이 많음에도 불구하고 가끔 덜 쓸모 있는 것을 선택하기도 합니다. 시험 기간에 갑자기 책상 정리에 끌리거나 업무 시간에 딴짓하기가 더 끌리기 마련입니다. 대체로 쓸모 있는 일은 나의 필요가 아니라 다른 사람의 필요에 의해 결정됩니다. 그래서 쓸모 있는 일을 한다는 건 당장 혹은 미래의 금전적 대가와 이어집니다.

내가 좋아하는 일을 생각해봅시다. 오히려 돈을 내고 하는 일이 대부분이지요. 힘들게 돈을 벌어 보통 어디에 쓰나요? 취미나 여가 생활입니다. 쓸모없는 행위로 보일 수 있는 그런 곳입니다. 이런 취미에 쓸 돈이 없는 사람들은 "내가 왜 사는지 모르겠다"고 종종 하소연합니다.

벤처 사업가 크리스 길아보Chris Guillebeau는 이렇게 말했습니다. "남들이 요구하는 쓸모 있는 일을 해서 쓸모 있는 곳에만 사용하는 사람은 한결같이 행복하지 않다." 행복이 삶의 중요한 목표라면 우리는 좀 더 많은 시간을 쓸모없는 일에 써야 합니다. 쓸모없는 일을 할 때 활력이 솟고 사는 맛을 느끼게 되는 것, 그게 삶의 비밀인지도 모릅니다. 이는 아이에게나 어른에게나 마찬가지입니다.

내가 하고 싶은 일이 아니라 다른 사람의 필요에 의해 해야 하는 일을 계속한다면 무슨 일이 벌어질까요? 스트레스 증상은 모두 이런 메커니즘과 연결되어 있습니다. 큰 스트레스는 극심하게 심리적 에너지를 소모시킵니다. 대체로 큰돈과 연결되어 있는 경우입니다. 그리고 번아웃burnout 현상을 불러일으킵니다. 이 상황이 더 진행되면 극심한 우울증에 시달리게 됩니다.

사람들은 본능적으로 우울한 상황을 피하기 위해 저항합니다. 이런 현상은 심리적 에너지가 고갈되었음을 보여주는 계기판과 같습니다. 연료부족 경고등이 계속 깜빡거리는데도 주행을 계속하면 자동차가 멈춥니다. 이게 바로 번아웃입니다. 쓸모를 강조하는 '효율성'이 인간의 본성을 압도하면 불행한 결과를 낳기 마련입니다. 가족이나 국가도 예외가 아닙니다.

고전 《장자》에는 쓸모없는 나무 이야기가 나옵니다. 굵고 곧은 나무들은 집을 짓는 목재로 쓰이기 위해 잘려집니다. 향기가 좋아 베어지고, 옻칠을 한다고 째어집니다. 그러나 옹이가 많고 뒤틀린 나무는 아무짝에도 쓸모가 없어 혼자 남게 되고, 결국 나무의 본성을 발휘하게 됩니다. 크게 자란 덕분에 큰 그늘을 만들어 사람들이 쉬어 가게 해준 겁니다. 장자는 이 이야기를 통해 쓸모없는 것의 쓸모, 즉 무용지용無用之用을 말합니다. 장자는 사람들이 쓸모 있는 것의 쓸모는 잘 알지만, 쓸모없는 것의 큰 쓸모는 잘 알지 못한다고 탄식합니다.

게임의 무용지용 사례로 사회적 거리두기 캠페인이 떠오릅니다. 코로나19가 급속히 확산되던 시기에 사회적 거리두기 캠페인의 일환으로 WHO와 게임계는 '플레이어파트투게더#PlayApartTogether'를 전개했습니다. 갑갑하게 집에서 지내야 하는 사람들에게 고립감을 덜어주고 연대감을 고취시켜 주고자 고안된 캠페인이었습니다. 〈모여봐요 동물의 숲〉 같은 게임이 당시 대표적인 게임 타이틀이었습니다. 저는 이 캠페인을 인류의 정신건강에 게임이 기여한 사건으로 기억합니다. 게임의 질병코드화 논란이 있은 지 채 1년이 되지 않아 게임이 인류에게 도움을 준 무용지용의 반전드라마라고 할 것입니다.

행복을 추구하는 삶이 인간의 본성이라면, 돈을 들여 쓸모없는 일을 열심히 하는 것은 지속적으로 추구될 가능성이 높습니다. 쓸모없는 일을 만드는 행위가 매우 쓸모 있어지는 역설이 발생합니다. 게임하는 사람이 늘어나고 게임을 제공하는 산업이 활성화되는 현상은 행복을 추구하는 인간의 본성과 떼려야 뗄 수 없는 관계입니다.

햇볕이 강할수록 쉴 수 있는 그늘의 가치가 올라가듯, 생산성과 효율성이 극대화될수록 엔터테인먼트 산업의 가치 또한 높아집니다. 산업적 가치를 넘어 사회적으로도 그 중요성은 재평가될 것으로 예상됩니다. 지혜로운 부모는 당장의 쓸모를 넘어 미래의 큰 쓸모까지 아우르는 무용지용의 큰 그림을 봐야 합니다.

게임할 때 아이들은
왜 헤드셋을 쓸까?

게임하는 아이들을 가만히 보면 헤드셋을 꼭 쓰는 것을 볼 수 있습니다. 헤드셋은 옛날 게임과 요즘 게임의 가장 큰 차이이자 아이들이 왜 게임에 몰두하는지를 알려주는 중요한 단서입니다.

헤드셋의 가장 중요한 기능 중 하나는 소리를 듣는 스피커 기능입니다. 특히 총싸움 게임을 할 때는 적이 어디 있는지, 적이 어떻게 움직이고 있는지 그 소리에 맞춰 대응하는 것이 중요합니다. 이것을 사운드플레이sound play, 줄여서 '사플'이라고 부릅니다. 민감한 소리의 변화로 적의 방향과 움직임을 포착할 수 있을 뿐 아니라 밟고 있는 지형에 따라서도 소리가 달라집니다. 게임 속 지형을 잘 알고 있다면 상대의 위치까지 파악할 수 있습니다. 상대의 무기 종류에 따라 소리가 다르기 때문에 그에 맞춘 대응도 가능해집니다.

소리는 게임의 중요한 전략 수단이기도 합니다. 상대를 유인하기 위해 일부러 다른 방향에서 발자국 소리를 내는 방식이 대표적입니다. 따라서 게임 실력이 좋은 아이들은 소리의 방향을 중요하게 생각해 이어폰이나 헤드셋처럼 입체 음향을 예민하게 감지할 수 있는 장비를 선호하게 됩니다. 미세한 소리까지 또렷하게 전달하면서 착용감과 디자인까지 좋은 헤드셋은 수백만 원을 호가하기도 합니다. 게임을 많이 즐기면서도 고가의 헤드셋을 사달라고 조르지 않는 아이라면 어렵게 돈 버는 부모님의 노고를 잘 아는 효자일 가능성이 높습니다.

헤드셋에서 또 하나 중요한 부분은 마이크입니다. 요즘 아이들이 즐겨하는 게임들은 보통 2~6명이 한 팀을 만들어 참여하는 것이 보통입니다. 당연히 팀워크가 중요합니다. 팀원들과 긴밀하게 상황을 주고받아야 게임이 원활해집니다. 그래서 헤드셋을 쓰고 게임하는 아이들은 시끄럽습니다. 실력이 좋아 특정 임무를 맡은 아이는 전략을 수립하고 팀원에게 역할을 지시하는 리더가 됩니다. 게임을 반복하다

보면 실력이 늘고, 리더 노릇을 해야 할 상황도 늘게 됩니다.

게임에 참여하는 아이들이 제각각인 탓에 싸움도 많이 일어나지만 이들을 잘 다독여 승리했을 때 성취감은 더 짜릿하기 마련입니다. 물론 졌을 때의 책임을 따지는 일도 일상적으로 나타납니다. 승패에 대한 각각의 고과 평가라고나 할까요. 어른 사회나 게임 속 아이들의 모습이 별반 다르지 않습니다. 요즘 아이들이 이전 세대보다 더 똑 부러지게 자기주장을 잘하는 이유 중 하나는 게임 훈련 덕택인지도 모릅니다.

요즘 헤드셋은 게임 속 상황을 진동으로도 전해줍니다. 눈과 손으로만 하는 것이 아니라 귀와 입, 촉감까지 동원된다는 얘깁니다. 그러고 보면 게임은 오감이 총동원되는 놀이라고 할 수 있습니다.

따라서 헤드셋을 착용하고 게임에 몰두하는 아이는 단순히 컴퓨터나 게임기를 가지고 노는 것이 아닙니다. 또래와 어울려 노는 중입니다. 놀이터나 운동장에서 놀던 것과 외형이 달라졌을 뿐 내용은 동일합니다. 노는 데 정신이 팔려 시간 가는 줄 모르는 모습까지 부모님 세대와 판박이입니다.

그러나 다른 점은 분명히 있습니다. 최신의 게임을 즐기는 아이들은 최고 성능의 컴퓨터나 게임기를 가지고 있다는 얘기가 됩니다. 요즘 컴퓨터 가격을 보신 적이 있나요? 업무용 컴퓨터는 게임용 컴퓨터보다 훨씬 저렴합니다. 어른들이 업무에 쓰는 컴퓨터의 사양이 아이들의 게임용 컴퓨터보다 훨씬 뒤쳐졌다는 의미입니다. 아이들이 첨단기술에 먼저 접촉할 뿐만 아니라 더 빨리 익숙해진다는 뜻이기도 합니다. 새로 나온 컴퓨터나 프로그램의 작동법은 따로 가르쳐줄 필요도 없습니다. 아이가 게임을 하는 동안 자연스럽게 선행학습을 하게 되니까요.

게임은 아이들의 자유분방한 사고와 첨단기술이 자연스럽게 만날 수 있도록 주선하는 역할을 하고 있습니다. 그래서일까요? 인터넷을 통한 컴퓨터 게임이 보급되면서 전 세계적으로 혁신의 속도가 가속화됐습니다.

기업이나 산업이 전례 없이 비약적으로 발전하는 것을 '압축성장' 혹은 '퀀텀점프Quantum Jump'라고 부릅니다. 애플, 아마존, 구글, 마이크로소프트, 페이스북, 텐센트, 삼성전자 등 컴퓨터와 인터넷을 바탕으로 한 IT 기업들이 그 사례입니다. 이들 회사나 설립자는 게임과 직접 관련이 있거나 개발 또는 유통의 경험이 있다는 공통점을 갖고 있습니다. 게임은 혁신산업의 공통분모임이 분명하고, 앞으로도 그럴 가능성이 매우 높습니다.

빠르게 변하는 게 늘 좋은 일은 아닙니다. 적응의 어려움이 가속화되고, 적응 정도에 따른 갈등 역시 증폭됩니다. 그러나 갈등을 포기하는 것은 혁신을 포함한 새로운 가능성을 포기하는 것과 마찬가지입니다. 따라서 갈등 자체를 문제 삼을 것이 아니라 갈등을 어느 방향으로 해소하는가가 더 중요해집니다. 게임으로 인한 부모와 자녀의 갈등 역시 마찬가지입니다.

악당을 물리치는 것도
폭력인가

"주먹과 총칼, 폭탄이 난무하고, 자동차와 오토바이 폭주가 일상인 게임을 하다가 폭력적인 아이가 되지 않을까 걱정돼요." 게임하는 자녀를 둔 부모들이 자주 하는 얘기 중 하나입니다. 아이들의 보편적인 놀이가 게임이라는 것을 머리로는 이해할 수 있지만, 그래도 눈으로 보이는 일에 걱정이 되는 건 인지상정입니다.

여기 이런 연구가 있어 소개합니다. 아주 어린 아이들도 무엇이 옳은 것이고 옳지 않은 것인지 잘 파악한다는 주제의 연구입니다.

2007년 미국 예일대 햄린Hamlin 교수팀은 과학잡지 〈네이처)에 생후 첫돌도 안 된 아기들이 남을 돕는 착한 존재와 나쁜 존재를 구별해낸다는 사실을 발표한 적이 있습니다.[11] 연구팀은 태어난 지 6개월과 10개월 된 아기들에게 동그라미와 세모, 네모 등이 나오는 동영상을 보여줬습니다. 동그라미가 언덕으로 올라가려고 애쓰는 동안 세모가 나타나 올라가는 것을 돕는 내용, 반대로 네모가 동그라미를 아래로 밀어내면서 방해하는 내용의 동영상이었습니다.

영상을 보여준 뒤 아기들에게 세모, 네모 도형 중 하나를 고르게 했더니 87.5%의 아이가 세모를 골랐습니다. 아기들이 원래 세모를 선호할지도 모르기에 세모, 네모, 동그라미의 역할을 바꾸고 색깔도 달리해 실험했지만 결과는 동일했습니다. 말도 못 하고 제 몸을 움직이는 것도 서툰 아기들이

도움을 주는 경우의 영상   방해하는 경우의 영상

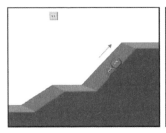 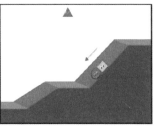

햄린팀이 연구에 사용한 동영상의 한 장면

악당이 아닌 영웅을 알아본 것입니다. 이 실험은 선악을 판단하고, 누구와 친구가 되어야 할지를 판단하는 사회적 능력을 인간이 이미 태어날 때부터 갖고 있는 건 아닌가 하는 추론을 하게 해줍니다.

조금 더 자란 아이들은 영웅을 좋아하는 것을 넘어 자신이 직접 영웅이 되는 기회를 갖습니다. 게임을 통해서 말입니다. 대부분의 게임 시나리오에서는 평화로운 마을에 포악한 악당이나 괴물이 나타나 마을을 파괴하거나 공주를 납치합니다. 이때 주인공이 나타나 악당을 물리치고 공주를 구해오며 마을의 평화를 되찾습니다. 게임 속에서 총을 쏘고 칼을 휘두르는 건 영웅적인 활약입니다. 이런 용감하고 헌신적인 노력을 폭력이라고 부르지는 않습니다. 정의를 구현하는 것이지요. 영웅의 행동을 악당의 폭력과 똑같이 취급한다면 영웅이 무척 억울해하지 않을까요?

오랜 여정 끝에 괴물을 무찌르고 공주를 구한다는 핵심 테마는 30년도 더 지난 지금도 게임 속에서 반복됩니다. 어쩌면 우리는 태어날 때부터 영웅 본능을 갖고 있는지도 모릅니다.

오랫동안 영웅 역할을 플레이한 아이들은 현실에서 어

1985년 출시된 <슈퍼마리오 브라더스>의 엔딩 장면

떤 모습일까요? 게임 속 캐릭터의 모습만 보고 걱정하는 분
들은 폭력성이 증가할 것이라고 예상합니다. 흔히 말하는
폭력 게임의 인기와 청소년 범죄 사이의 관계를 연구한 논
문을 보면 이런 걱정의 근거를 찾기 어렵습니다.

　　미국 스테트슨대학교 심리학과 크리스토퍼 J. 퍼거슨
Christopher J. Ferguson 교수는 게임문화 연구의 권위자입니다.
그의 연구를 보면, 다음의 그림처럼 폭력적인 게임(실선)이

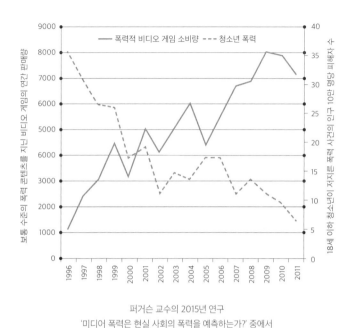

보통 수준의 폭력 콘텐츠를 지닌 비디오 게임의 연간 판매량

18세 이하 청소년이 저지른 폭력 사건의 인구 10만 명당 피해자 수

폭력적 비디오 게임 소비량 --- 청소년 폭력

퍼거슨 교수의 2015년 연구
'미디어 폭력은 현실 사회의 폭력을 예측하는가?' 중에서

많이 팔릴수록 청소년 폭력(점선)은 줄어드는 것으로 나타
납니다.[12] 게임에서 총을 쏘고 칼을 휘두르는 행위, 즉 상징
적 공격 행위는 의미 없는 폭력이 아니라 정의로운 영웅의
활약이고, 그러한 영웅의 성향은 오프라인에도 이어지고 있
음이 시사되는 연구라고 할 수 있습니다.

우리나라에서도 비슷한 결과는 얼마든지 찾아볼 수 있
습니다. 보건복지부 자료에 의하면, 청소년의 대표적인 일탈 행위였던 남학생 음주율이 2010년 23.5%에서 2020년 12.1%로 거의 절반 가까이 줄어듭니다. 과거와 비교할 수 없을 만큼 치열한 입시 경쟁과 강한 사교육 열풍이 가져온 스트레스에도 불구하고 청소년들은 일탈의 유혹을 더 적게 경험했다는 겁니다.

도대체 무슨 일이 일어났던 걸까요? 당시 청소년들이 가장 많이 즐긴 게임은 총탄이 빗발치는 1인칭 슈팅 게임 〈스페셜포스〉와 〈서든어택〉이었습니다. 게임 속 치열한 전투를 벌이고 나니 현실의 시험 전쟁은 오히려 가볍게 느껴진 대비 효과라 할 수 있을 겁니다.

그럼 게임이 폭력을 부추긴다는 상식과 달리 이런 결과는 어떤 과정을 거쳐 일어난 걸까요? 게임 이용 시간과 폭력 감소 간의 인과관계를 뒷받침하는 논리로 미국 베일러대학교 스콧 커닝햄Scott Cunningham 교수의 '시간사용효과Time Use Effect'에 대한 주장이 설득력 있습니다.[13] 시간사용효과란 게임을 하는 시간이 과거 약물이나 폭력과 같은 위험 행동을 하는 시간을 대체했다는 설명입니다.

또 다른 설명은 '위험항상성 이론Risk homeostasis theory'입니다. 캐나다 퀸스대 심리학과 제럴드 와일드Gerald J. S. Wilde 교수는 안전벨트를 매면 안전도가 증가하지만 운전자가 이전

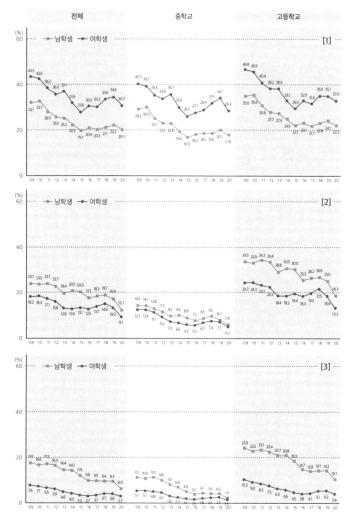

[1] 청소년 우울감 경험률 추이 [2] 청소년 음주율 추이 [3] 청소년 흡연율 추이

(출처: 2020년 청소년건강행태조사)

보다 속도를 높이기 때문에 위험도는 이전과 달라지지 않는 수준을 유지한다는 내용의 이론을 발표합니다. 반대로 차선을 없애거나 길을 구불구불하게 만들어 위험도를 높이면 운전자가 속도를 낮춰 사고율을 낮추는 현상도 위험항상성 이론으로 설명됩니다.

이 이론을 게임과 폭력에 적용시키면 과격한 게임을 통해 긴장도를 높이는 것은 폭력에 사용할 긴장감을 줄이는 효과를 발휘한다고 해석할 수 있습니다. 위험이 전혀 없는 안전한 환경은 상식과는 반대로 위험한 행동을 부추길 수 있는 최적의 환경이 될 수 있습니다.[14]

2021년 3월 우리나라 교육부와 보건복지부가 발표한 〈2020년 청소년건강행태조사〉에 따르면 학생들에게 게임이 확산된 최근 10년 동안 청소년의 음주와 흡연율은 감소하고 우울증은 개선되고 있는 것으로 나타났습니다. 국내외 연구를 종합해보면 게임이 문제라기보다 오히려 문제를 예방하고 개선하는 기능을 담당하고 있다는 해석이 점차 확산되고 있습니다.

사실 이런 게임들은 현실보다 더 공정합니다. 그래서 그런가요? 폭력과 거리가 먼 공정성에 대해 요즘 아이들은 매우 민감합니다. 자신이 들인 시간과 노력을 통해 얻은 게임 레벨이나 결과를 매우 소중하게 생각합니다. 그래서 실력이 높은 사람에게 자신의 캐릭터를 대신 성장시켜 달라고 맡기는 대리 게임이나 불법 프로그램을 이용한 행위에 대해 격하게 분노합니다. 이런 성향은 게임 밖으로 이어집니다. 마땅히 받아야 할 대우를 받지 못하거나 반칙이나 편법을 써서 입시나 입사 같은 경쟁을 통과하는 행위에 대해 참지 못합니다. 불의를 보면 참지 않는 영웅처럼 말입니다.

억눌린 자아와
게임

인간을 흔히 '사회적 존재'라고 합니다. 무슨 의미일까요? 심리학적으로 보면 '내가 만나는 사람이 내가 어떤 사람인지를 결정한다'는 뜻으로 해석할 수 있습니다. 수업 시간에 선생님을 만나고 있으면 그 앞에 앉은 나는 '학생'이 됩니다. 쉬는 시간에 앞에 있는 친구들과 수다를 떨면 나는 친구들의 '친구'가 됩니다. 집에 가면 '자녀'가 되거나 혹은 '부모'라는 정체성을 얻습니다. 이렇게 나는 혼자 정의될 수 있는 것이 아닙니다. 나의 경계를 둘러싼 많은 사람들 덕분에 내가 '나'일 수 있게 됩니다.

심지어 혼자 있을 때도 우리는 옆에 있는 누군가를 떠올리게 됩니다. 집에서 혼자 TV를 보거나 게임을 하더라도 보통 벌거벗고 있지는 않습니다. 현실 속의 사람이 되었든 가상의 인물이 되었든 말이죠. 거기에 맞추어 우리는 살아갑니다. 예의 바르게 행동하든 반대이든 그 현장에 나를 보고 있다고 여기는 타인의 존재가 개입됩니다. 현실에서는 혼자일 수 있지만, 마음속에서는 한시도 혼자일 수 없는 사회적 존재가 바로 인간입니다.

이렇게 자신에 관한 생각이나 이미지를 심리학에서는 '자아'라는 개념으로 다룹니다. 사회심리학에서 자아는 보통 하나가 아니라 여럿이라고 가정합니다. 나의 자아는 하나가 아닙니다. 학생자아, 친구자아, 자녀자아 등 다양한 자아들이 준비되어 있어 상황에 맞는 자아가 작동합니다. 자아가 여럿이어서 다양한 상황에서 다양한 사람을 만날 때 큰 불편을 느끼지 않고 사는 것입니다.

물론 자아가 많다 보니 문제가 일어나기도 합니다. 사회적 역할을 독점하는 소수의 자아 때문에 수많은 자아가 마음 깊숙한 곳에서 억눌려 지내는 일이 발생합니다. 특히 다른 사람에게 바람직하지 않다고 보이는 자아는 매우 억눌려 있기 마련입니다. 다른 사람이 보기에 성실하고 예의 바른 내가 한결같은 역할을 하고 있다면, 그 자아의 밑바닥에는 마음대로 하고 싶어 하는 자아의 희생이 있습니다.

여기서 분명한 건 이마저도 나를 구성하는 자아의 하나라는 사실입니다. 나의 일부를 계속 억압하는 것은 가능하지도 바람직하지도 않습니다. 자아를 억누르기 위해서는 많은 심리적 에너지가 필요합니다.

심리학자 캐서린 밀크먼Katherine Milkmann의 연구에 따르면, 심리적 에너지를 무리하게 쓰고 나면 '해야 할 일'이 아니라 '하고 싶은 일'을 하는 쪽으로 결정을 내릴 가능성이 높아집니다.[15] 운동, 공부 같은 일이 '해야 할 일'이고, 물건 구매나 음식 먹기, 짜증내기 같은 것이 '하고 싶은 일'로 나타납니다. 흔히 막나가는 경우는 심리적 에너지가 소진되어 브레이크조차 잡을 힘이 없는 것과 비슷한 상황입니다.

다른 사람의 눈에서 벗어나 나만의 공간에 들어오면 가장 먼저 내면의 억눌린 자아를 풀어 놓습니다. 마음을 놓고 편하게 지내는 상황입니다. 그래서 자신만의 공간은 좀처럼 다른 사람에게 있는 그대로 공개하기가 꺼려집니다. 정리되지 않고 지저분한 공간이지만, 나에게는 평소 억눌린 자아가 마음껏 활개를 칠 수 있는 소중한 공간인지도 모릅니다. 이런 공간의 여유 없이 여럿이 있을 때나 혼자 있을 때나 늘 타인을 의식하며 살아가야 한다면 어떨까요? 심리전문가가 아니어도 무언가 위태로워질 것이라는 예감이 드실 겁니다.

　사회심리학적으로 게임의 역할은 억눌린 자아가 현실적 위협 없이 활동할 수 있는 소중한 공간입니다. 치고, 부수고, 쏘는 일은 현실에서 그다지 환영받지 못하는 일입니다. 그래서 그런 행동을 자제하지만 우리의 자아는 위기에서 나를 지키기 위한 방편으로 위기 상황에 대처할 수 있는 자아를 준비해놓고 있습니다.

　세상은 예상대로 돌아가지 않는다는 사실을 나의 자아는 너무 잘 알고 있어 응급 상황에 대처할 수 있는 다양한 자아들이 늘 준비되어 있습니다. 만일 응급 상황에서 나를 구해주는 씩씩하고 용감한 자아가 제대로 기능하지 못한다면 올바른 자아조차도 안전하다고 느끼지 못합니다. 주말이나 휴가 기간에 게임을 오랫동안 즐긴다면 그만큼 자아가 억눌린 증거로 봐도 됩니다.

　게임에 대한 부정적 시선은 게임이 과도하게 공격적이거나 폭력적이라는 점을 강조합니다. 평범한 사람도 자신의 의지가 부당하게 억압될 때 공격성을 드러내며 반항하게 됩니다. 이런 억압을 순순히 받아들이는 것을 순종이라고 부릅니다. 권위와 권력의 요구에 자신을 맞추는 것이 순종이라면, 이에 대항해 자율성과 자발성을 지키고자 하는 행동이 반항입니다.

순종과 반항은 동전의 양면처럼 늘 함께합니다. 순종이 지나친 아이들은 열정 없는 기계처럼 행동합니다. 그래서 원치 않지만 어쩔 수 없이 하는, 진실하지 못한 행동이 나오게 됩니다. 이것을 '소외'라고 부릅니다. 소외가 강하면 강할수록 그 반작용인 반항도 강해집니다. 숨을 내쉬기만 하고 들이쉬지 못하는 상황과 유사한 것이죠. 반항이 커지면 순종의 압력도 함께 증가하는 것이 일반적입니다.

자아가 성장한다는 건 이런 모순적인 속성을 통합할 수 있다는 의미입니다. 흔히 청소년 시기를 '질풍노도의 시기'라고 부릅니다. 이런 통합의 연습이 격렬하고 집중적으로 일어나는 시기이기 때문입니다. 대체로 게임에 많이 몰두하는 청소년들은 권력의 크기가 작아 순종이 강요됩니다. 하지만 언제까지나 순종만 할 수는 없습니다. 청소년들은 스스로 자율성과 독립성을 시험하고 통합하는 연습을 하고자 합니다.

과도하게 게임에 몰두할 때는 자율과 통제의 균형이 무너졌을 가능성이 있습니다. 이런 경우 '그냥 내버려두면 게임에서 헤어 나오지 못할 것 같다'는 공포를 불러오기도 합니다. 하지만 로체스터 대학교의 심리학 교수 에드워드 데시 Edward L. Deci 교수는 자율과 고립을 연결시키는 것이 근거 없는 이야기라고 말합니다.[16] 오히려 진실하게 행동하고 자율적으로 자신을 통제하는 사람이 다른 이와 더 깊은 관계를 맺을 수 있다고 말합니다.

국내에서도 이런 사례를 찾아볼 수 있습니다. 아현산업정보학교의 방승호 전 교장은 공부에 흥미가 없고 게임만 좋아하는 아이들에게 하루 종일 게임할 수 있는 시설을 만들어줬습니다. 그리고 그 아이들에게 게임을 통해 글쓰기와 영어를 가르치니 아무도 졸지 않을 뿐 아니라 수업에도 적극적으로 참여하는 놀라운 일이 벌어졌다고 합니다.

독특한 교육 방식으로 주목받은 아현산업정보학교 (출처: 국가교육회의)

하나의 자아가 오랫동안 활약하면 지치게 되어 있습니다. 그때쯤 역할을 교대하자고 다른 자아가 슬며시 제안합니다. 나도 좀 역할을 해보자고 말입니다.

폭력적인 게임이 인기를 끌수록 현실 사회에서 청소년 범죄가 줄어드는 현상이나, 오히려 학교에서 게임을 마음 놓고 할 수 있게 만들어주니 공부도 열심히 하게 됐다는 사례는 게임이 자아의 건강한 성장에 어떤 영향을 주는지 잘 보여줍니다.

프로테우스 효과

아이의 몸이 자라는 것과 함께 마음도 자라납니다. 구체적으로 말하면 아이의 자아가 성장하는 것이지요. 몸이 자라기 위해 다양한 영양분이 필요한 것처럼 자아가 자라기 위해서도 다양한 경험이 필요합니다. 자아는 시행착오와 다양한 경험에 의해 성장합니다. 대상관계 이론으로 잘 알려진 학자 도널드 위니캇Donald W. Winnicott은 자아의 성장을 위한 핵심 경험으로 '놀이'의 중요성을 주장했습니다.[17]

위니캇은 아기가 엄마와 관계 맺는 과정을 분석하면서 '중간대상Transitional Object'이라는 개념을 소개합니다. 아기는 최초 자기와 세상을 구분하지 못하고, 엄마와도 구분하지 못한 채 자신이 원하는 대로 세상이 움직인다는 환상을 갖습니다. 불편할 때 울면 엄마가 다 해결해주는 방식이 대표적입니다.

그런데 엄마가 늘 모든 것을 해결해줄 수는 없습니다. 이때 아이들은 좌절감을 경험하는 동시에 자신이 어쩔 수 없는 외부세계가 있음을 인식합니다. 불안한 자신의 내면세계와 피할 수 없는 외부세계를 연결시키는 중간대상을 발견하고 이를 사용하게 됩니다. 애착 인형이나 공갈 젖꼭지가 대표적인 중간대상이라 할 수 있습니다. 이런 물건을 가지고 노는 동안 아이는 외부세계를 자신의 영역으로 흡수하며 자라게 됩니다. 이러한 일련의 과정을 위니캇은 '중간현상 Transitional Phenomena'이라고 불렀습니다.

그러나 아이들이 자라면서 애착 인형에 대한 흥미는 떨어집니다. 가정을 벗어나 새로운 세상을 접하면서 중간현상이 확산되기 때문입니다. 위니캇은 이런 확산이 문화 전반의 영역으로 퍼진다고 설명합니다. 자신이 알지 못하는 새로운 것이 나타날 때마다 중간대상이 필요합니다.

부모 세대와 자녀 세대 사이의 가장 큰 차이가 나타나는 부분은 컴퓨터와 스마트폰을 비롯한 정보화 기기가 아닌가 싶습니다. 부모 세대에는 외부세계가 물리적 현실이었다면, 요즘 아이들은 물리적 현실에 더해 온라인에서 펼쳐지는 가상 현실도 접해야 하는 과업을 갖습니다. 물리적 현실과 비교할 수 없을 정도로 빠르게 변하는 온라인 현실을 고려할 때 아이들의 적응력은 놀랍기만 합니다.

저는 온라인과 오프라인 간의 중간대상으로 게임이 충실하게 역할을 하고 있다고 생각합니다. 애착 인형과 장난감을 거쳐 게임을 통해 최첨단 기기의 활용 방식을 습득했기 때문에 가능한 일입니다. 하지만 부모 세대는 게임을 중간대상으로 사용해본 경험이 적습니다. 그래서 낯설고 당황스럽습니다. 당연한 일입니다. 세상이 변하면 적응 방식도 달라지지만, 그 원리는 예전이나 지금이나 크게 변함이 없습니다.

애착 인형은 아이들의 생애 초기 소유물입니다. 자신의 분신과 같습니다. 세상이 낯설고 자신의 능력이 약하다고 믿을수록 중간대상에 대한 애착은 강해지기 마련입니다. 중간대상으로 게임과 게임 속 캐릭터도 마찬가지 기능을 합니다. 누가 시켜서 한 게 아니라 본능적으로 선택한 과업, 즉 놀이입니다.

이 소중한 과업이 부모로부터 부정당하면 어떤 일이 벌

어질까요? 위니캇은 중간현상이 막히면 외부세계와 문을 닫고 자기 세계에 몰두하는 자폐 증상이나 외부세계에 과도하게 의존해 이른 시기부터 눈치를 보는 아이가 될 수 있다고 경고합니다. 어떤 경우든 자신의 진짜 욕망을 적절하게 분출하지 못하는 현상이 벌어집니다. 장기적으로 애착 인형이나 게임이 거부된 아이들은 무엇을 좋아하는지, 무엇을 하고 싶은지 잘 모르고 부모에 의존하는 수동적인 아이가 될 수 있다는 겁니다.

그럼 단기적으로는 어떤 현상이 벌어질까요? 갑자기 컴퓨터 전원을 꺼버리거나 게임기를 부수는 행위는 아끼는 애착 인형을 아이 눈앞에서 산산조각 내는 것과 본질적으로 다르지 않습니다. 이때 아이의 마음도 산산조각 날 수 있다는 점을 알아두실 필요가 있습니다. '마음이 산산조각 난다'는 것이 비유적 표현을 넘어 실제 경험될 수 있는 생리적 현상일 수 있다는 연구를 소개합니다.

과학학술지 〈네이처〉를 통해 알려진 '고무손 실험'의 절차는 비교적 간단합니다.[18] 실험 참가자의 한 손은 보이지 않게 가리고, 다른 손 자리에 가짜 고무손을 올려놓습니다. 그리고 감춰진 손과 고무손을 동시에 부드러운 붓으로 쓰다듬기 시작합니다. 동기화가 진행되는 과정입니다. 자신의 손을 가리키라는 지시에 실험 참가자는 진짜 자기 손이 아니라 고무손을 가리킵니다. 이어 고무손을 바늘로 찌르려고 하면 화들짝 놀라게 되는데요.

fMRI를 통한 연구에서 가짜 고무손에 대한 위협은 실제 신체를 담당하는 뇌 부위를 활성화시키는 것으로 나타났습니다. 고무손이 자신의 신경망에 포함된 것입니다. 이는 사람의 신경이 몸 안에서만 작동한다는 고정관념을 깨뜨린 기념비적인 연구로 평가됩니다.

고무손 실험은 게임 캐릭터에 대한 애착이나 게임 내에

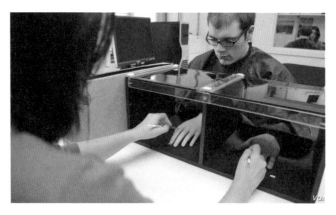

고무손 실험 장면: 자신의 진짜 손은 보이지 않게 하고, 고무손만 보이도록 배치한 후 똑같은 자극을 하면 고무손을 자기 손으로 착각한다.

서 느껴지는 타격감이 환상이 아니라 실제 감각과 동일한 현실 체험처럼 느껴질 수 있다는 점을 시사합니다. 지난 20여 년간 많은 연구를 통해 반복 확인된 이 현상을 신경과학자들은 '신체 전이body transfer'라고 부릅니다.

신체 전이 현상은 게임 플레이 경험이 있는 의사가 복강경 수술을 왜 적은 실수로 능숙하게 할 수 있는지 설명해줄 수 있습니다. 2007년 이스라엘 메디컬센터 외과의 33명을 대상으로 실시된 연구[19]에 의하면, 1주일에 세 시간 이상 비디오 게임을 한다고 답한 9명의 의사들은 전혀 게임을 하지 않는 15명에 비해 복강경 수술 속도가 27% 빨랐습니다. 실

실제 수술실에서 사용하는 도구

수는 37% 적었습니다. 게임을 하면서 미세동작 조정 기술, 눈과 손의 상호작용, 시각적 주의력, 거리 감각 등의 능력이 향상된 것입니다. 게임기와 유사한 콘트롤러가 의사의 예민한 신경을 복강경 모니터 화면 속까지 연결시켜줬기 때문이라고 생각됩니다.

온라인 게임 속까지 신경이 확장될 수 있다면, 게임 캐릭터의 특성이 아이들에게 영향을 줄 수 있지 않을까요? 미국 스탠퍼드대학교 팀 연구에 의하면, 게임 속 캐릭터의 크기는 심리적 효과의 차이를 보였습니다.[20]

연구진은 가상현실 속 아바타의 키가 큰 집단과 평균인 집단, 작은 집단 등 세 집단으로 나누었습니다. 그리고 돈을 분배하는 협상 게임을 진행했는데, 그 결과 키가 큰 아바타 집단은 협상을 유리하게 완수했으나 키가 작은 집단은 불공정한 협상을 그대로 받아들인 경우가 두 배 높았습니다. 가상현실 속의 아바타가 협상의 자신감에 영향을 주는 실체적 효과를 발휘한 것입니다.

이런 현상을 연구자들은 '프로테우스 효과The Proteus effect' 라고 부릅니다. 프로테우스는 그리스 신화에 나오는 바다의 신 중 하나입니다. 그는 예언력을 가지고 있었으나 예언하기를 싫어했습니다. 그래서 예언을 들으러 찾아오는 사람을 피하기 위해 여러 섬을 돌며 불이나 물, 짐승 등으로 자주 모습을 바꾸었다고 합니다. 가상공간에서 자신의 모습을 마음대로 바꿀 수 있는 현상이 마치 프로테우스를 연상시킨다고 해서 연구자들은 이런 이름을 붙였습니다.

지혜로운 부모라면 자녀의 게임 속 캐릭터를 유심히 살펴보실 필요가 있습니다. 혹시 다른 이용자들의 캐릭터보다 작다면 좀 더 크고 멋진 캐릭터를 사용할 수 있도록 지원해주는 것이 게임세대 아이들의 자존감을 키워주는 비법일 수 있습니다. 제 경험상 보통 몇천 원을 아이들 손에 쥐어주면 크게 반가워하지 않는데, 같은 금액의 게임머니나 게임스킨 구입비를 주면 매우 반가워하는 반응을 보이더군요.

게임 등급이 성적만큼 중요한 이유

: 자기가치 확인

유능하다는 것은 남들보다 더 큰일, 어려운 일을 해나갈 수 있음을 의미합니다. 질투나 시기의 대상이 되기도 하지만, 일반적으로 유능한 사람은 다른 사람들에게 인기가 높습니다. 사람들이 관심을 많이 갖는 분야에서 유능함을 발휘할 수 있다면 그보다 더 좋은 일이 없을 겁니다. 그런데 수많은 분야와 사람들 사이에서 유능함을 알아챈다는 건 쉬운 일이 아닙니다. 자신이 유능한 영역을 다른 사람에게 보여주는 것은 중요한 사회적 기술입니다.

2020년 정부 조사에 의하면, 10대의 91.5%가 게임을 하고 있거나 이용한 적이 있다고 합니다. 스마트 시대에 게임은 전 국민의 70% 이상이 즐기는 대중적인 여가 활동이 되었습니다. 그런 점에서 게임은 남녀노소 할 것 없이 유능함을 뽐내기에 좋은 영역이 됐습니다. 심리학적으로 내가 잘하는 것을 어떻게 보여줄 수 있을까요?

'백문이 불여일견'이란 말이 있듯, 내가 잘하는 것을 직접 눈으로 확인시켜 줄 수 있다면 그보다 확실한 방법은 없습니다. 특히 여러 사람이 지켜보는 가운데 실력을 뽐낼 수 있다면 이보다 더 좋은 기회가 없겠죠. 요즘 많은 지방자치 단체와 회사에서 게임 대회를 열고 있습니다. 유능함을 과시할 수 있는 좋은 기회가 제공되고 있습니다.

어떤 한 분야에서 다른 사람들에게 유능함을 과시하게 되면 그 효과의 파급력은 매우 큽니다. 사람들의 인정을 받는 것은 물론이고, 자신감이 충전되어 생활 전반에서 더 적극적인 자세를 취하게 됩니다.

사회심리학자 클로드 스틸Claude Steele은 이런 효과를 '자기가치 확인self-affirmation'이라는 개념으로 설명했습니다.[21] 자신이 잘하는 것을 확인하게 되면 스트레스 상황에 더 적극적으로 대처하고 더 건설적으로 행동하게 됩니다. 공부를 잘 못하더라도 게임을 잘한다고 생각하면 친구들 틈에서 크게 위축되지 않고 자신이 원하는 바를 자신감 있게 밀고 갈

수 있는 근거가 되는 겁니다.

물론 반대의 상황도 있습니다. 내가 게임을 잘하지 못하는데도 불구하고 남들 앞에서 게임을 해야 할 경우도 있습니다. 이때는 무능함을 노출할 가능성이 높아집니다. 어떻게든 피하고 싶은데 피할 수 없는 경우입니다. 이때 사람들은 자기불구화self-handicapping 전략을 구사합니다.[22] 자신이 사실은 유능하지만, 실력을 보여주기에 문제가 있다는 점을 어필하는 겁니다. 손을 다쳐 콘트롤이 어렵다, 어제 잠을 잘 못자서 피곤하다는 핑계가 대표적입니다.

또 다른 자기불구화 전략 중 하나는 방해물이 있다고 주장하는 겁니다. 내가 주로 사용하는 도구가 아니라서 실력이 나오지 않았다고 주장하는 전략입니다. 사실 듣는 사람이 납득할 만한 효과는 발휘하지 못하지만, 본인의 기분을 상하지 않게 만드는 효과는 있습니다. 어떤 방법을 써서라도 자신의 무능함을 감추려는 것이 인간의 기본적인 속성입니다.

핑계를 자주 대는 것은 스스로 무능함을 자인하는 것과 마찬가지입니다. 그래서 자신이 유능함을 상징적으로 보여줄 무언가가 필요합니다. 실제로 유능하든 그렇지 않든 말입니다. 이때 사용되는 전략이 상징물 활용입니다. 게임의

게임 <리그오브레전드>의 티어:
티어의 이미지만 봐도 그 사람의 실력을 바로 알아볼 수 있다

실력을 나타내는 '티어tier'가 여기에 해당합니다. 실제로 게임 플레이를 보여주지 않더라도 높은 등급의 게임 티어는 자신의 유능함을 알리는 데 더없이 좋은 상징물입니다. 명품이 그 사람의 사회적 지위나 경제적 여유를 보여주는 것과 같은 효과입니다.

일부 게이머들은 게임의 티어를 돈을 주고서라도 높이려고 합니다. 실력이 더 좋은 사람에게 대신 자신의 계정을 맡기는 것이지요. 워낙 민감한 문제라 게임산업진흥법은 2019년 6월 금전 거래를 동반한 '대리게임'을 금지했습니다. 위법 행위 적발 시에는 2년 이하의 징역 또는 2,000만 원이하의 벌금에 처해집니다. 굳이 비유하자면, 초등학생 게임에 고등학생이 초등학생인 척하며 참여하는 것과 마찬가지입니다. 결국 누군가는 부당한 패배를 당하고, 티어 경쟁에서도 밀리게 됩니다. 정의롭지 않은 행위로 인식되는 이유입니다. 대리게임으로 패배를 당한 게이머의 억울하고 분한 상황이 충분히 이해가 되실지 모르겠습니다.

유능해 보이고자 하는 욕구는 자신의 처지를 확신할 수 없는 모호한 상황에서 특히 강하게 나타난다고 합니다.[23] 너무 당연한 일이지만 자기가 유능하지 못하다고 예상한 사람들은 구석자리를 골랐다는 연구도 있습니다.[24] 압박이 있거나 경쟁적인 상황에서도 마찬가지입니다.

최근 사회적으로 입시 경쟁과 취업난 심화는 '공정'이라는 이슈를 최대 화두로 만들었습니다. 사회적으로도 유능함을 확인하기 어려운 시대인데, 게임에서마저 위축된다면 자기가치를 어디서 확인할 수 있을지 우리 아이들이 더욱 안쓰럽기만 합니다.

게임에서 이긴다는 것의 의미
: 통제감

아이들이 게임을 좋아하는 것은 단맛을 좋아하는 것과 같은 본능입니다. 본능을 설명하기는 매우 어렵습니다. 대신 본능이 어떤 점에서 특별한 기능을 하는지 이해하면 본능의 작용을 조금 더 세밀하게 이해할 수 있습니다.

흔히 게임을 통해 자신이 원하는 것을 얻게 되는데, 그 보상이 게임에 빠지게 만드는 특별한 요인이라고 많이들 설명합니다. 그런데 영아를 대상으로 한 연구를 살펴보면 보상보다 더 근원적인 요인이 들어 있습니다. 생후 4개월 밖에 안 된 아기를 대상으로 한 실험[25]을 살펴보시지요.

연구자들은 이제 막 목과 머리를 가눌 수 있을 정도가 되는 아기 손에 줄을 묶고 아기가 줄을 당길 때마다 듣기 좋은 음악이 흘러나오도록 장치를 만들었습니다. 그렇게 익숙할 때까지 두었다가 연결된 줄을 끊고 음악을 들려주었습니다. 자신이 줄을 당겨 나오는 음악이 아니라 그냥 나오는 음악을 듣고 아기들은 슬퍼하거나 화를 내는 반응을 보였다고 합니다. 아기들이 줄을 당겨 들을 수 있는 분량과 똑같았는데도 말입니다. 이 실험에서 우리는 아기들이 단순히 음악을 듣고 싶어 한 것이 아니라 음악을 선택할 수 있는 힘, 즉 통제력을 원했다는 사실을 알 수 있습니다.

통제력은 생물이 환경에서 생존하고 번영해 나가기 위한 가장 기초적이면서도 필수적인 능력입니다. 사람을 포함한 모든 동물은 가능한 큰 통제력을 얻고자 노력합니다. 대결에서 경쟁자를 이기는 것은 경쟁자들을 자신의 통제 아래에 두는 가장 원초적인 방법이 됩니다.

흔히 실력이 있다는 말을 하는데, 심리학적으로 보면 통제력이 얼마나 강한가의 여부를 의미합니다. 이기면 기쁘고, 지면 화가 나는 것은 본능적 반응입니다. 통제력이 점점 커진다는 의미는 삶이 번영한다는 뜻과 직결되므로 만족을 느끼는 것이죠.

그런데 통제력은 상대적인 개념입니다. 10살짜리가 5살짜리에게는 통제력을 발휘할 수 있지만, 10살 위의 형에게는 통제력을 발휘하기 어렵습니다. 그래서 자신의 통제력이 얼마나 되는지 늘 시험하고 싶어 합니다. 형제간의 싸움은 동생이 형에게 반항하는 방식으로 통제력을 발휘하려고 할 때 일어납니다. 반대로 어디서 통제력을 잃고 오면 괜히 더 어린 동생을 괴롭히거나 강아지, 장난감에게 화풀이를 합니다. 그만큼 통제력은 아이와 어른 모두에게 중요한 요소입니다.

어려운 상대를 이겼다는 것은 통제력이 상승한다는 의미이고, 쉬운 상대를 이기는 것은 통제력을 여전히 유지하고 있다는 뜻입니다. 그래서 쉬운 게임은 재미가 없습니다. 쉬운 것을 수백 번 해도 통제력이 늘었다는 느낌을 갖기 어렵습니다.

게임에서는 보통 시간이 가면 갈수록 더 강력한 상대를 만나게 되어 있습니다. 그래야 자신의 통제력이 상승하는 걸 체험할 수 있기 때문입니다. 아이들 입장에서는 그냥 더 재미를 느끼는 게임을 하는 것이고요. 어른의 말로 바꾸면 어려운 것을 하려고 애쓰는 일, 즉 사서 고생을 하는 것이 재미있는 게임의 속성이 됩니다.

어떤 부모도 내 아이가 고생하는 것을 원치 않습니다. 그래서 아이들이 고생할 필요 없이 원하는 것을 얻을 수 있도록 제공해주려고 노력을 하지요. 그렇게 절약한 시간과 에너지로 부모는 아이가 공부나 운동, 피아노 같은 활동에 전념하기를 바랍니다.

"엄마가 필요한 것 다 해줄 테니 너는 공부만 하면 돼." 이는 부모 입장에서 보면 더없이 통제력이 발휘되는 만족스러운 상황이지만, 아이들의 입장에서 보면 자신의 통제력을 기르고 시험할 수 있는 기회가 박탈되는 불안한 상황입니다. 필요한 게 다 있는데 뭐가 불만인가 싶지만, 필요한 것을 얻어내는 방법이 더 중요하다는 점은 통제력의 핵심이라 할 수 있습니다.

원하는 것을 모두 얻는 대신 통제력을 잃으면 무슨 일이 벌어질까요? 동물원에 있는 동물을 보면 어떤 일이 벌어지는지 잘 알 수 있습니다. 동물원의 동물은 천적의 위협으로부터 완벽한 보호를 받습니다. 다양하고 풍부한 영양의 먹이를 제공받습니다. 최고급 호텔에 사는 것과 마찬가지입니다.

그런데 이런 해석은 다분히 인간의 시각입니다. 사실 동물은 그렇지 않습니다. 동물원의 동물은 통제력을 포기하고 안락함을 얻는 대신 우울증을 겪습니다. 먹이를 구하는 과정이나 혹시 모를 천적이 나타난 상황에서 사람에게 의지하는 것 외에 할 수 있는 것이 없으니 무기력감을 느끼는 것은 당연합니다.

불안하고 우울한 동물은 정형행동stereotypic behaviour을 보입니다. 같은 자리에서 뱅뱅 돌거나 한쪽에서 다른 쪽으로 끊임없이 반복해서 움직이거나 자신의 배설물을 먹는 행동이 대표적입니다. 살아있어도 출산을 적게 하고, 어렵게 출

반복적으로 머리나 몸을 흔드는 행위는
동물원의 코끼리에서만 볼 수 있는 정형행동이다

산해도 새끼의 사망률이 야생보다 높습니다. 결국 통제력을 상실한 동물, 자유를 잃은 동물은 극심한 위협 속에 사는 야생 동물보다 더 짧은 생을 마감합니다. 사람의 입장에서 최상의 환경 조건이 동물의 입장에서는 최악의 조건이 되는 겁니다.[26]

다시 강조하지만 어른도 아이도 모두 사람이기 이전에 동물입니다. 아이들은 어른보다 더 본능의 영향을 받습니다. 아이들이 통제력을 얻기 위해, 자유를 느끼기 위해 선택하는 활동 중 하나가 게임입니다. 부모가 말리고 금지할수록 게임이 고파지는 것이죠. 꼭 게임에 국한된 얘기는 아닙니다. 덕질 같은 행위도 아이들이 통제력을 누릴 수 있는 얼마 안 되는 심리적 피난처입니다. 이를 제거하면 부모의 생각과 반대의 효과로 이어질 가능성이 높습니다.

지혜로운 부모는 부모의 헌신과 희생, 관심이 자칫 독이 될 수 있음을 늘 주의합니다. 부모로부터 자유로울 수 있는 자녀만의 시간과 공간이 필요하다는 점을 인식하고 존중할 필요가 있습니다. 그럴수록 심신이 건강한 아이, 스스로의 주관과 판단을 가진 아이가 될 가능성이 높아집니다.

많은 아이들이 그런 시간과 공간으로 게임을 선택하고 있음을 이해하고 나니 어쩐지 짠한 마음이 든다는 부모가 많습니다. 게임을 심리학적으로만 해석해 보면 처음부터 끝까지 모든 것을 자신이 통제해야 하는 공간이자, 자신이 하고 싶은 대로 이끌 수 있는 자신만의 시간이 합쳐진 곳이지요. 시험공부나 과제처럼 해야 할 것이 많을수록 게임의 매력은 더 증가될 수밖에 없는 이치라는 점을 지혜로운 부모라면 꼭 기억해야 합니다.

시험이 끝난 아이들은
왜 PC방에 갈까

통제력을 발휘하지 못할 때 경험하는 대표적 증상이 스트레스입니다. 아이들에게 게임하는 이유를 물으면 주로 스트레스 해소 때문이라고 합니다. 시험이 끝나자마자 달려가는 곳이 동네 PC방이기도 합니다. 정말 게임은 스트레스를 해소할까요?

스트레스는 '적응하기 어려운 환경에 처할 때 느끼는 심리적·신체적 긴장 상태'를 의미합니다. 중요한 시험을 앞두고 있거나 어려운 과제가 주어졌을 때 느끼는 소화불량, 불면 같은 상태가 스트레스의 전형적인 반응입니다. 내가 아무리 열심히 한다 해도 문제를 해결할 수 있다는 보장이 없으면 우리는 극심한 스트레스를 느끼게 됩니다.

결국 스트레스의 문제는 난이도가 아닙니다. 내가 그것을 잘 다룰 수 있느냐의 통제감sense of control이 스트레스의 경중을 가르는 핵심이 됩니다. 똑같은 시험이라도 이전에 치러 본 적이 있으면 덜 긴장합니다. 연습을 많이 했다면 부담을 덜 느끼게 되지요. 스트레스에 있어 통제감이 얼마나 크게 작용하는가를 이해할 수 있는 사례들입니다.

학교 시험과 게임은 똑같이 어렵지만 '통제감'의 측면에서 큰 차이가 있습니다. 학교 시험은 통제할 수 있는 부분이 거의 없습니다. 무슨 문제가 나오든 해결할 수 있도록 준비하면 되지만, 그마저도 제대로 하고 있는지 확신하기 어렵습니다. 반면 게임은 시작부터 끝까지 내가 통제할 수 있습니다. 애를 써도 해결할 수 없는 미션과 강한 상대를 만날 수는 있지만, 그렇다고 시험처럼 극심한 스트레스를 느끼지는 않습니다.

그럼 게임은 어떻게 스트레스를 해소하는 걸까요? 스트레스를 덜 경험하는 것과 스트레스를 해소하는 일은 깨끗한 공원을 산책하는 것과 지저분한 공원의 쓰레기를 치우는 것만큼이나 차이가 큽니다. 그 해답 역시 '통제감'에서 찾을 수 있습니다. 내 생활 일부에서 통제감을 갖는 것은 삶 전체의 통제력을 회복하는 중요한 계기가 됩니다. 게임을 하는 동안 경험했던 통제감은 내가 그렇게 무기력한 존재가 아니라는 강렬한 증거가 됩니다. 과거보다 통제해야 할 상황이 너무 많은 청소년과 사회경제적으로 어려움을 겪는 이들이 게임으로 모여드는 건 그래서 너무 당연한 본능입니다.

통제감을 상실한 이들이 경험하는 것은 '우울'입니다. 특히 젊은이와 임산부, 출산모, 노인층이 우울증에 취약한 계층이라고 합니다. 처음부터 심각한 병은 없습니다. 우울증도 마찬가지입니다. 오랫동안 방치한 결과로 발생합니다. 게임이 우울증을 경감시킨다는 결과는 여러 연구에서 증명되고 있습니다.

카먼 V. 루소니엘로Carmen V. Russoniello 팀 연구에 의하면, 우울이 지속적으로 증가되는 성인 집단을 대상으로 한 달 동안 일주일에 3번씩 30분 이상 캐주얼 게임을 하도록 한 결과, 그렇지 않은 집단보다 우울 증상이 감소되었다고 합니다.[27]

어떻게 게임이 스트레스를 해소한 걸까요? 흔히 스트레스를 받을 때 정신이 쏙 빠지는 매운 음식을 먹고 나면 개운한 느낌이 듭니다. 매운 맛은 통증입니다. 몸에 통증이 나타나면 몸에서는 위기 반응이 일어납니다. 대응을 위해 진통 효과를 발휘하는 엔도르핀과 아드레날린이 분비됩니다. 이 물질들이 스트레스를 함께 줄여주는 것이지요. 스릴 있는 놀이 기구와 공포 영화도 비슷한 효과를 유발합니다.

또 다른 스트레스 해소 방식으로 '기분 전환'을 들 수 있습니다. 스트레스가 악화되는 이유 중 하나는 그 상황을 정신적으로 계속 곱씹기 때문입니다. 이를 '반추rumination'라고 부릅니다. 생각할수록 더 화가 나는 경우가 있지요? 반추 작용 때문입니다. 많은 연구들이 반복적으로 증명하는 사실은 반추가 스트레스를 더 심각하게 만든다는 것입니다. 반추를 막으려면 다른 몰입거리가 필요합니다.

이때 게임은 스트레스를 잠시 잊도록 해 반추의 악순환을 멈춰줍니다. 그동안 우리 몸속에서는 스트레스로 받은 생리적 긴장이 서서히 완화됩니다. '시간이 약'이라는 말이 바로 이런 원리를 설명합니다. 게임은 시간이 약효를 발휘할 수 있게 돕는 보조제 역할을 하는 겁니다.

최근에 밝혀진 또 다른 사실 하나는 스트레스와 '사람 간의 친밀함'이 관련 있다는 겁니다. 주변에 친밀한 사람이 있으면 스트레스를 경감시켜 주는 효과를 갖습니다. 어두운 밤길을 누군가와 함께 가면 덜 무서운 원리와 비슷합니다.

그래서 스트레스를 받을수록 나를 알아주는 친구들을 더 찾게 되지요. 시험이 끝나면 단짝 친구들과 떼를 지어 PC방에 가는 이유가 여기 있는지도 모르겠습니다.

네모 세상,
마인크래프트가 인기 있는 이유

"가만히 좀 있어!" 시끄럽게 떠드는 아이들을 혼낼 때 하는 종종 쓰는 말입니다. 그런데 사람은 기본적으로 떠들고 움직이는 것보다 가만히 있는 쪽이 훨씬 어렵습니다. 피곤해서 쉴 때 가만히 있으면 달콤합니다. 그러나 그 상태가 오래가기는 어렵습니다. 이내 지루함이 몰려옵니다.

지루하다는 건 할 일이 없다는 의미와 조금 다릅니다. 할 일이 많기는 하지만 내가 하고 싶은 것이 아니라면 지루합니다. 하고 싶어 시작했더라도 변화 없는 반복이 지속되면 지루합니다. 공부가 그렇고, 회사 업무도 딱 그렇지요. 이럴 때 사람들은 종종 낙서를 합니다. 지루할 때 그림을 그리고 글을 *끄*적이는 행위는 졸릴 때 하품을 하는 것처럼 자연스럽습니다. 마음속에 있는 그 무언가를 발산하지 않고는 배기기 힘든 존재가 사람입니다.

시인이자 철학자인 프리드리히 실러_{Friedrich Schiller}는 이런 현상을 '예술 본능_{Aesthetic Instinct}'이라 불렀습니다. 즉 예술은 배가 부른 사람이 하는 것이 아니라 밥을 먹고 잠을 자는 것처럼 누구에게서나 자연스럽게 배어나오는 본능적 행동입니다. 사실 낙서를 하는 건 그냥 손이 하는 일이 아닙니다. 마음속 상상이 흘러나와 생긴 결과입니다. 이런 상상은 얼마 안 가 가상의 놀이가 됩니다. 이런 역할도 해보고 저런 상황도 만들어 상상 속의 판타지를 연출하는 것이죠.

아이 어른 할 것 없이 사람이 가장 견디기 힘든 상황은 어려운 일을 할 때가 아니라 아무것도 하지 않을 때입니다. 거꾸로 지루할 때가 예술 활동을 하기에 딱 좋은 때인지도 모릅니다.

코로나19로 전 세계 사람들이 지루한 사회적 거리두기를 할 때 많은 사람들이 게임을 했습니다. 게임을 하다 지친 사람들은 유튜브에 모여 악기를 연주하고 노래를 했습니다. 요리나 그림 같은 재능을 뽐내기도 했습니다. 이런 점에서 게임은 음악, 미술과 본질적으로 차이가 없는 예술 활동이라고 부를 수 있습니다. 예술 본능이 작용하는 자기표현으로서의 예술 말입니다.

스마트 시대가 되면서 놀이도 달라졌습니다. 요즘 초등학교 아이들은 소꿉놀이, 병정놀이를 게임으로 합니다. 마인크래프트Minecraft가 대표적인 게임입니다. 스웨덴의 독립 개발사가 개발한 마인크래프트는 2009년 처음 등장하자마자 창의적이고 자유로운 플레이로 인기를 얻어 게임 출시 11년 만인 2020년 5월, 글로벌 판매 2억 장을 돌파했습니다. 테트리스를 제치고 역대 가장 많이 팔린 비디오 게임이라는 기록을 세웠지요.

마인크래프트는 2020년 5월 기준 한 달에 1억 2천만 명이 넘는 사람들이 접속해 플레이하고 있습니다. 마인크래프트의 기록은 계속해서 경신될 가능성이 큽니다. 전 세계적으로 영향력이 크다 보니 유엔개발계획UNDP이 마인크래프트와 함께 코로나 예방 목적의 공익 캠페인을 진행하기도 했습니다.

이 게임의 구조는 매우 간단합니다. 게임을 시작하면 '오픈월드'라 불리는 자유로운 공간이 제공됩니다. 아이들은 거기서 땅을 파고 광물을 얻어 나만의 세계를 창조합니다.

마인크래프트는 전 세계적인 코로나19 예방 캠페인에 참여할 정도로 영향력이 세다

게임 이름이 마인크래프트(mine+craft), 즉 광산기술자인 이유를 금방 알 수 있습니다. 이런 유형의 게임을 '샌드박스형'이라고도 부릅니다.

예전에 우리가 모래로 성을 만들고 구덩이를 파고 메꿨던 것처럼 온라인 공간 내에서 모든지 내 마음대로 할 수 있는 게임 유형이 샌드박스형 게임입니다. 다른 게임과 다른 점은 완수해야 할 임무가 없다는 겁니다. 다양한 재료와 모양으로 집과 목장을 짓고 가축을 기를 수 있습니다. 심심하면 사냥을 할 수도, 친구들과 대결을 할 수도 있는 공간입니다. 내 마음대로 할 수 있는 기회가 한정된 아이들에게 마인크래프트는 나만의 공간에서 평소 하고 싶었던 욕구를 마음껏 발산하는 곳이고, 그게 바로 인기 비결입니다.

샌드박스형 게임은 아이들에게만 인기가 있는 게 아닙니다. 이제는 고전이 된 '심시티SimCity'라는 도시 건설 게임이 있었고, 코로나19 시기에 특히 인기를 끈 '모여봐요 동물의 숲'도 전형적인 샌드박스형 게임입니다. 특별한 목적 없이 집을 짓고, 농장을 꾸리고, 물고기를 잡고, 다른 게이머와 교류하는 심심한 게임인데도 세계적으로 인기를 끄는 비결은 나만의 개성을 마음껏 표출할 수 있는 기회를 제공하기 때문입니다.

다른 사람의 생각이 나와 다를 수 있다는 '마음의 이론Theory of mind' 개념 역시 가상놀이와 밀접한 관계가 있습니다. 심리학자들은 대체적으로 가상놀이가 아이들의 사고 유연성을 길러준다는 같은 결론에 도달하고 있습니다.[28]

사고 유연성은 창의성과 직결됩니다. 베스트셀러《생각의 탄생》의 공동저자인 미셸 루트번스타인Michele M. Root-

Bernstein은 노벨상 수상자 같은 창의적인 사람과 비슷한 또래의 일반인을 비교하는 연구를 진행했습니다. 그 결과 어릴 적부터 가상세계를 상상하게 만드는 놀이를 한 사람이 훨씬 더 창의적이었다고 합니다.

놀이는 생각을 유연하게 만듭니다. 잘 노는 사람은 사람들에게 인기가 많은 법이죠. 누구에게나 어떤 상황에서나 그에 맞춰 무엇을 해야 할지를 잘 알기 때문입니다.

어릴 때 잘 놀지 않은 사람이 창의적인 인물이 되기 어려운 것처럼 앞으로 노벨상을 받는 뛰어난 인재들 중 게임을 전혀 하지 않은 사람을 찾기는 어려울 겁니다. 자녀가 큰 인물이 되기를 바란다면 게임에 대해 더 유연한 사고가 필수인 듯합니다.

게임 시간은 몇 시간 이내로 해야 한다는 강박적인 제한을 넘어서야 합니다. 대신 게임 속에서 아이들이 어떤 경험을 하는지 아이들의 눈높이에서 지켜볼 필요가 있습니다. 아이들의 희로애락에 공감하는 부모의 말은 그냥 게임을 하는 아이의 뒤통수만 바라보는 부모와 다릅니다. 아이들은 공감하는 부모를 훨씬 존경하고 함께하고 싶다는 마음을 갖습니다. 잘 노는 사람과 함께하고 싶은 것처럼 말입니다. 지혜로운 부모는 아이들과 함께 잘 놉니다.

게임을 하는 또 다른 이유
: 또래 관계

게임을 하는 이유는 재미를 느끼기 위해서입니다. 흔히 야구장이나 축구장에는 혼자 가지 않습니다. 재미가 덜 하기 때문입니다. 게임도 마찬가지입니다. 혼자 하는 게임이 재미없는 것은 아니지만, 여럿이 하는 게임만큼 재미가 있지는 않습니다. 그래서 요즘 나오는 게임들은 보통 네트워크를 지원합니다. 함께 모여 더 재미있게 즐길 수 있도록 해 준다는 뜻입니다.

또래와 모여 함께 논다는 건 재미있는 시간을 보낸다는 의미를 넘어섭니다. 또래 놀이는 아이들의 성격과 적응에 깊은 영향을 줍니다. 최근의 연구결과들이 이를 증명합니다.

또래 선호는 아주 어렸을 때부터 나타납니다. 일반적으로 아이들이 가장 먼저 배우는 사회적 학습은 낯가림입니다. 익숙한 사람과 그렇지 않은 사람을 구분하는 것이죠. 대체로 낯선 남자 어른은 불안과 공포의 대상이 됩니다. 반면 자신과 비슷한 또래의 아이들은 선호의 대상입니다.

발달심리학 연구자들[29]에 의하면 장난감보다 더 관심이 가는 대상은 바로 또래 아이들이라고 합니다. 말을 못하는 아기들도 서로를 보고 미소 짓고 부정확한 말로 종알거립니다. 서로 만지려고 하거나 장난감을 주려고 하기도 합니다. 낯선 사람, 특히 남자 어른을 조심하고 또래 아이들과 친해야 한다는 것이 아이들에게는 세상 적응을 위해 중요한 덕목입니다.

심리학자 주디스 R. 해리스Judith R. Harris는 이런 성향이 600만 년에 걸친 진화 역사에 의해 형성된 아이들의 적응 방식이라고 말합니다. "아이의 미래 성공적인 적응 여부는 부모의 사랑을 얼마나 받는가보다 같은 세대에 속해 남은 삶을 함께 보내게 될 또래와 얼마나 잘 지내는가가 더 핵심적으로 결정한다."[30] 왜 아이들이 자기 또래 아이들에게 정신이 팔리는지를 이보다 더 간명하게 설명해주는 말은 없을 겁니다.

원숭이를 대상으로 애착 실험을 진행해 널리 알려진 해

리 할로우Harry Harlow의 여러 실험 중 하나는 또래가 부모 애착보다 더 중요할 수 있음을 시사합니다.[31] 어미가 없이 서너 마리 새끼들끼리만 자란 붉은털원숭이는 새끼일 때 비참한 시간을 보내지만, 1년 정도 지나면 결국 정상적으로 행동합니다. 어린 시절의 비극이 반드시 후유증을 남기는 건 아니라는 뜻입니다.

반대로 엄마는 있지만 또래 없이 자란 원숭이는 어릴 때 충분히 만족스러운 생활을 하지만, 나중에 다른 원숭이들과 함께 지내는 환경에 놓이면 심각한 문제를 보였습니다. "다른 원숭이들과 같이 놀고자 하는 의지가 없으며" 다른 사회적 행동에서도 어울리지 못하고 고립된 모습이 관찰된 겁니다.[32] 엄마는 친구를 대신할 수 없지만, 친구는 가끔 엄마를 대신할 수 있다고 볼 수 있는 대목입니다.

사회 적응에 있어 이렇게 친구가 중요하다 보니 친구와 떨어지는 것은 엄마와 떨어지는 것만큼이나 고통스러운 상황입니다. 대략 7살이 되면 아이들은 부모의 영향을 벗어나 같은 성별의 아이들 또래에 서서히 편입됩니다. 이때 아이들은 부모를 맹목적으로 따라 하지 않으며 매우 신중하게 모방합니다.

아이들은 자신이 속한 집단의 구성원과 다른 행동은 모

방하지 않습니다. 예를 들어, 또래들은 다 게임을 하는데 부모가 게임을 하지 않는다고 해서 아이들이 부모처럼 게임하지 않는 쪽을 선택하지 않는다는 얘기입니다.

또래보다 부모의 행동을 모방하는 쪽을 선택하면 부모 눈에는 기특하게 보일 수 있지만, 심리적으로는 또래에게 존재를 인정받지 못할 수 있다는 심리적 따돌림을 경험하게 되는 겁니다.

게임을 통해 심리적 따돌림의 효과를 연구한 결과가 있습니다.[33] 실험 참가자들이 사이버볼 게임을 합니다. 세 명이 공 던지기를 주고받는 간단한 게임입니다. 여기서 실험 참가자를 제외한 두 명은 사실 컴퓨터 프로그램이지만, 실험 참가자에게는 모두 사람이라고 속이고 게임을 진행합니다. 세 명이 사이좋게 공을 주고받다가 어느 순간 실험 참가자에게 더 이상 공을 주지 않고 소외를 시킵니다.

이때 fMRI를 통해 뇌 영상을 찍었더니 배측 전대상피질의 활동이 활발하게 관찰됐습니다. 이곳은 신체적 고통을 받는 사람들이 활발한 활동을 보이는 부위입니다. 게임에서 잠시 소외됐을 뿐인데 그냥 간단히 넘어갈 수 없는 통증, 그러니까 신체가 손상되는 듯한 통증을 느낀다는 겁니다.

반면 같은 목표를 위해 누군가와 함께 움직이면 일체감과 자기초월감self-transcendence 같은 경험을 하게 됩니다. 이런 경험을 심리학자들은 '집단적 즐거움collective joy'이라고 부릅니다.[34] 합창을 할 때나 함께 춤을 출 때, 함께 운동을 하거나 기도를 할 때, 어떤 일에서 팀워크가 기막히게 잘 이루어질 때도 비슷한 경험을 합니다.

집단적 즐거움을 경험하는 가장 손쉽고 정확한 방법은 여러 사람들이 일치된 움직임, 즉 동기화된 움직임synchronized movement을 하는 것입니다. PC방에 간 아이들, 스마트폰을 쥔 아이들이 왜 즐거워하는지를 보면 이들의 하는 행동은 합창이나 기도 혹은 팀 운동경기와 별로 다르지 않기 때문이라고 해석할 수 있습니다.

이때 사람의 몸에서는 엔도르핀endorphins이 분비된다고 합니다. 흔히 웃을 때나 마라톤과 같은 극한 운동을 할 때 나오는 자생적 진통제로 알려져 있지만, 최근 연구에 의하면 앉아서 하는 작은 몸짓처럼 동기화된 차분한 동작의 경우에도 엔도르핀이 분비된다는 사실이 밝혀졌습니다.[35]

엔도르핀의 효과는 단순히 긍정적인 기분을 느끼게 만드는 데 그치지 않습니다. 이전에는 서로 몰랐던 사람들이 동기화된 동작을 함께 한 후 서로 유대감과 신뢰를 느꼈다는 연구 결과도 있었습니다.[36] 함께 무언가를 같이 하는 것은 유대감과 신뢰감을 상승시키고, 더 협력하는 방향으로 사회적 결속을 강화시키는 작용을 합니다. 이런 점에서 로블록스나 마인크래프트 같은 인기 게임을 한다는 것은 전 세계의 또래들과 유대감과 신뢰감을 쌓는 과정이라고도 볼 수 있습니다.

요즘 아이들이 즐기는 게임 중 상위 5개의 게임은 70%가 넘는 점유율을 차지합니다. 수천 개가 넘는 게임 중 재미있는 게임이 4~5개 밖에 안 되는구나 생각하기보다는 또래 아이들이 많이 즐기는 게임을 우리 아이도 즐긴다고 해석하는 쪽이 더 타당합니다. 또래로부터 소외당하지 않기 위해, 흔히 경험하기 어려운 '집단적 즐거움'을 느끼기 위해 우리 아이들은 게임을 합니다.

또래와 게임을 통해 어울리는 방식이 이 시대 아이들의 표준이 된 지는 꽤 됐습니다. 2020년 한국콘텐츠진흥원에서 수행한 〈게임이용자 조사보고서〉에 따르면 10대 청소년의 91.5%가 게임을 즐깁니다. 그중에서도 PC방을 이용하는 가장 큰 이유는 '친구와 어울리기 위해서(33.9%)'였습니다. 'PC 성능이 좋아서(31.5%)'가 그 뒤를 이었습니다. 이를 종합해보면, 좋은 성능의 PC로 친구들과 어울려 게임을 하기 위해 PC방에 간다는 결론이 나옵니다.

지혜로운 부모라면 아이들이 게임을 한다고 할 때 누구와 하는지, 거기서 어떤 역할을 했는지, 승패와 더불어 어떤 종류의 집단적 즐거움을 경험했는지 함께 물어봐주는 것이 좋습니다. 축구 경기를 마치고 온 아이에게 경기 내용을 묻는 것과 크게 다르지 않습니다. 아이들은 사소하지만 자신이 중요하게 여기는 일에 공감과 관심을 받으면 부모로부터 사랑받고 있다는 느낌을 갖습니다. 가랑비에 옷이 젖듯 조금씩, 그러나 확실히 말입니다.

2부

게임이 스펙이 되는 세상

반도체 기업이
게이머를 채용하는 이유

2020년 4월, 우리나라 유가증권 시장에서 삼성전자 다음의 2위 시가총액을 보유한 SK하이닉스는 놀라운 내용의 영상을 유튜브에 올렸습니다. 과거 게임중독으로 볼 수 있는 사례를 '집념증후군Tenacity Syndrome'이라는 긍정적인 시각으로 보고 인재로 채용하겠다는 내용이었습니다. 변화에 민감한 기업들은 이미 게임을 미래의 혁신 통로로 보고 있는 것이죠.

SK하이닉스가 게임 덕후의 필요성을 밝힌 이유는 크게 3가지입니다.[37] 첫째, 게임이 학습과 훈련의 과정이라는 겁니다. 게임에서 가장 많이 배우는 것은 실패. 게이머는 실패하

게임 덕후가
반도체 회사에 들어오면?
Tenacity Syndrome 4편

SK하이닉스의 구인광고 중 한 장면 (출처: 유튜브 SK하이닉스 채널)

고 다시 도전하면서 새로운 방식을 지속적으로 시도하게 된
다고 합니다. 그 과정에서 다음 단계로 가기 위한 해법을 찾
습니다. 이는 빠르고 다양한 비즈니스 모델을 시도하고, 실
패를 기반 삼아 더 나은 성장전략을 찾아내는 중요한 역량
이기도 합니다.

둘째는 협업 능력입니다. 여러 사람이 어울려 즐기는 역
할수행 게임(RPG)이나 실시간 전략(RTS) 게임을 하면서 게
이머는 자연스럽게 다른 사람과 협업하는 능력을 습득합니
다. 이 과정에서 게이머들은 개인의 능력 발휘와 경쟁 능력
을 향상시키는 것은 물론 필요에 따라 팀으로 뭉쳐 문제를
해결할 줄 아는 '동료 의식'을 겸비하게 됩니다.

셋째, 문제 해결을 향한 끈기와 집념입니다. 게이머들은 미션이 정해지면 반드시 해답이 있다고 믿고 해법을 찾습니다. 시행착오와 협력을 통해 더 나은 방법을 찾아가는 문제 해결 방식은 SK하이닉스가 추구하는 인재상과 정확하게 일치한다고 합니다. 게임 덕후는 게임만 잘하는 것이 아니라 첨단기업의 인재상과 잘 어울리는 역량을 가진 사람이라는 얘깁니다.

게임은 첨단기술을 친숙하게 받아들이고 활용하는 능력도 함께 향상시킵니다. PC의 성능과 인터넷 속도는 고사양의 게임 출시와 흐름을 같이 합니다. 몇 해 전 국산 게임 PUBG(배틀그라운드)의 인기가 모든 컴퓨터의 업그레이드를 불러왔습니다. 고성능의 CPU와 그래픽카드, 대용량의 메모리 없이는 원활하게 게임을 즐기기 어려웠기 때문입니다. 최신의 게임이 문제없이 구동된다면 다른 최신 프로그램도 무리 없이 돌아가는 성능임을 보증하는 것과 같습니다. 반응속도가 빠르고 크기가 큰 모니터를 사용하면서 그래픽을 보는 눈도 정밀해졌습니다. 즉 최신의 게임을 즐긴다는 건 최신 장비를 잘 이해하고 익숙하게 다룬다는 얘기와 같습니다.

사실 게임 덕후를 필요로 하는 회사가 생겨난 건 시장과 소비자 환경이 급속히 바뀌는 환경에서 빠르고 유연하게 대응하기 위해서입니다. 이른바 '애자일Agile' 방식으로의 전환과 관련이 있습니다.

'애자일'이라는 용어는 원래 소프트웨어 개발 방식의 하나로, 작업 계획을 짧은 단위로 세워 고객의 요구 변화에 유연하고 신속하게 대응하는 개발 방법론입니다. 참고로 애자일의 반대 개념은 '워터폴waterfall' 방식입니다. 사전에 계획을 정교하게 세우고, 정해놓은 기준을 충족하지 않으면 다음으로 넘어가지 않는 특징을 갖습니다. 설계한대로 정확하게 진행하는 방식이지요.

하지만 최신형 스마트폰도 6개월이 되면 구형이 되어버리는 요즘, 몇 년 앞을 내다보고 일을 계획한다는 건 무모합니다. 그래서 첨단기업일수록 애자일은 선택이 아닌 필수로 여깁니다.

애자일 방식의 핵심은 '협력과 피드백'입니다. 협력은 불확실성에 효과적으로 대응하는 역량을 기르는 요소입니다. 혼자 모든 변화를 파악하고 대응할 수는 없습니다. 협력 관계를 잘 만들 때 대응 능력이 올라가는 건 당연합니다. 두 번째는 피드백입니다. 수행 결과를 빠르게 파악함으로써 대응 방향을 신속하게 조정할 수 있습니다. 지금 하고 있는 일이 제대로 작동하는지 빠르게 모니터링하는 능력은 변화하는 환경에서 길을 잃지 않고 목적지에 다다를 수 있는 역량입니다.

SK하이닉스의 게임 덕후 선발 의지는 사실 애자일 역량을 갖춘 인재를 선발하겠다는 것입니다. 게임을 첨단기업이 원하는 인재로 만드는 훈련 과정으로 여기고 있습니다.

지혜로운 부모는 자녀가 게임을 얼마나 오래 하는지만 보지 않습니다. 어떤 게임에 어떻게 몰두하는지를 자세히 살펴봅니다. 게임 속에서 얼마나 끈기 있게 협력하고 임무를 수행하는지 말입니다. 게임 경험이나 능력은 향후 대학이나 기업에 제출할 자기소개서에서도 독창적인 역량을 뽐내는 소재가 될 것입니다.

자녀들의 게임 속 경험을 대화 소재로 삼아보시길 권합니다. 그 속에서 애자일 경험이 있었다면 그런 경험을 더 많이 할 수 있도록 칭찬해줄 필요가 있습니다. 아이들이 좋아하는 게임을 인정해주는 건 역량 계발뿐만 아니라 원만한 부모 자녀 관계 발전에도 큰 도움이 됩니다.

테슬라의
게임개발자 채용 공고

애플의 스티브 잡스Steve Jobs 사후 가장 혁신적인 인물로 일론 머스크Elon Musk가 꼽힙니다. 그는 전기자동차의 대중화를 이끈 테슬라모터스와 화성에 인류를 보내겠다는 비전을 가지고 있는 우주탐사업체 스페이스X의 대표입니다. 친환경 태양광 발전 기업인 솔라시티의 회장이기도 합니다. 최근 주목받는 기술은 거의 그의 손에서 나왔다고 봐도 됩니다.

테슬라의 주가 상승을 보면 사람들의 기대가 얼마나 큰지 금세 알 수 있습니다. 2020년 1월 시가총액은 1,000억 달러, 우리 돈으로 약 110조 원으로 추산됐지만 그로부터 1년 후 2021년 1월 시가총액은 8,300억 달러를 기록하기도 했습니다. 무려 여덟 배 성장을 보여준 겁니다. 물론 시가총액만으로 평가를 하기는 이르지만, 테슬라의 밝은 미래가 시장으로부터 인정받고 있다는 사실만은 확실합니다.

테슬라의 혁신은 '전기자동차'라는 연료 혁신에만 있지 않습니다. '자율주행'이라는 기술이 대중의 관심을 모으고 있습니다. 여기서 중요한 것은 자동차라는 기기 위에 자율주행이라는 플랫폼을 얹은 조합을 선도한다는 점입니다. 아이폰이라는 기계에 애플 운영체계(iOS)를 얹은 것과 같지요. 수많은 어플리케이션 기업들은 애플의 운영체계에 맞추어 서비스를 생산하고, 앱스토어라는 시장을 통해 소비자에게 다가가고 있습니다.

스마트폰과 유사한 경로를 걷고 있는 테슬라도 비슷하지 않을까요? 2019년 6월, 미국 LA에서 열린 게임박람회 E3에서 일론 머스크는 '테슬라 아케이드Tesla Arcade'를 공개했습니다. 테슬라 아케이드는 테슬라 차량 내의 디스플레이를 통해 각종 게임을 즐길 수 있는 서비스입니다. 당시 공개한 레이싱 게임 영상이 큰 화제가 되기도 했지요.

테슬라 아케이드 게임의 가장 큰 특징은 테슬라 자동차의 실제 운전대와 브레이크 페달을 게임 동작 기기로 활용

테슬라 자동차 내에서 게임을 즐기는 모습

한다는 점입니다. 안전을 위해 주차한 상태에서만 작동되며, 액셀 페달은 사용할 수 없게 만들어져 있습니다. 또 전용 게임기를 연결해 사용할 수도 있습니다. 이후 다양한 게임이 추가로 발표됐고, 인기 게임들이 그대로 탑재됐습니다. 앞으로 넷플릭스나 유튜브 같은 동영상 스트리밍도 서비스할 계획이라고 밝혔습니다.

테슬라는 왜 전기자동차에 게임을 탑재할 생각을 했을까요? 가장 현실적인 이유는 충전입니다. 전기차는 충전이 필요합니다. 긴 시간 충전을 하면서 대기를 해야 할 때 운전자가 지루하지 않도록 콘텐츠를 제공하는 겁니다. 초기 전기차의 기술과 인프라가 충분히 발달하지 않은 상황을 고려할 때 매우 효과적인 전략이라고 생각됩니다.

사실 그보다 더 원대한 계획이 게임 서비스 속에 숨어 있습니다. 장기적으로 자율주행차 시장을 준비하기 위한 사전 단계라고 보는 전문가들이 많습니다. 완전자율주행 기술이 구현되면 더 이상 인간이 운전을 할 필요가 없어집니다. 이 때 자동차 안에서 즐길거리는 자율주행차의 핵심 경쟁력이 될 것으로 전망됩니다. 게임을 비롯한 엔터테인먼트 콘텐츠의 확보는 자율주행차 시대를 주도하기 위해 양보할 수 없는 전략이 됩니다.

세계적인 시장조사업체 맥킨지는 2030년에 자동차 대시보드 디스플레이가 TV, PC, 스마트폰에 이어 '네 번째 스크린'이 될 거라 예상했습니다. 그만큼 큰 시장이라는 얘기지요. 추정하는 시장 규모는 우리나라 돈으로 500조에서 830조 정도 될 거라고 합니다. 자동차는 이동 수단이 아니라 콘텐츠를 즐기는 이동 거실이 되어가는 중입니다.

테슬라는 이미 개발된 게임을 확보하는 것만으로는 부족했다고 판단했는지 2020년 9월 게임개발자를 채용하겠다는 공고를 냅니다. 테슬라는 채용 공고에서 '자동차를 가장 재미있게 만들기 위해 노력하는 사람, 게임 콘텐츠를 차 안에서 이용할 수 있도록 도와줄 엔지니어를 찾고 있다'고 밝했습니다.

테슬라에서 얼마나 재미있는 게임이 나올지는 알 수 없습니다. 하지만 분명한 것 하나는 테슬라 외에도 자율주행차 경쟁에 뛰어든 구글, 현대, 벤츠, 포드, BMW 같은 회사들이 게임 경험과 개발에 특화된 전문가를 열심히 찾을 거라는 사실입니다. 인재 수요가 급증하겠지요.

이제 자율주행차의 핵심 경쟁력은 자율주행기술 자체가 아닙니다. 차 안에서 즐길 수 있는 경험을 얼마나 차별화 있게 제공하느냐에 있습니다. 안전한 자동차, 경제적인 자동차, 승차감이 좋은 자동차를 넘어 '즐거운 자동차'로 향해 가는 중입니다. 적어도 테슬라의 사례를 볼 때 그런 예측이 가능합니다.

그렇게 된다면, 우리 아이들이 사회에 진출할 시기에는 얼마나 다양한 게임 경험을 했는가가 첨단기술 회사에 입사하는 기준 중 하나가 될 거라고 생각합니다. 아이들이 좋아하는 게임을 살펴보고, 즐거하지 않는 게임이 있다면 그 이유가 뭔지 살펴보는 것도 미래 인재를 길러내기 위한 노력 중 하나가 됩니다. 지혜로운 부모의 몫입니다.

다양한 유형의 게임이 있는데, 게임도 균형 있게 즐기는 것이 중요합니다. 수학을 좋아한다고 해서 영어와 국어에서 손을 놓으면 곤란한 것처럼 말입니다. 아이들의 균형 있는 게임 지도에는 게임 경험이 많은 아버지들이 조금 더 유리하지 않을까 생각됩니다. 지금 아이와 함께 게임을 함께 즐기면서 미래를 위해 게임을 가이드하는 단계로 나아가는 것, 그런 부모의 노력이 필요한 때입니다.

게임 속으로 들어온
명품 브랜드

명품은 기술적으로도 뛰어나고, 미적으로도 아름답습니다. 누구나 갖고 싶어 하지만 아무나 가질 수 없습니다. 그래서 명품은 소유자가 어떤 사람인지를 알려주는 상징 역할을 합니다. 과거 계급사회에서는 명품이 따로 없었습니다. 신분 높은 사람들이 그 자체로 귀했으며, 당연히 그들이 사용하는 물건이 귀했습니다. 그런데 점차 신분제가 사라졌습니다.

신분제가 사라졌다고 해서 내가 다른 사람보다 우월함을 과시하고 싶은 욕망까지 사라진 건 아닙니다. 과시 욕망은 라이프스타일로 들어와 오히려 더 심화됐습니다. 이런 현상은 왜 이탈리아와 프랑스가 명품의 본고장인지를 잘 설명해주기도 합니다.

이탈리아는 르네상스의 본고장입니다. 수공업과 상업으로 자수성가한 이들이 가장 먼저 세력화한 곳입니다. 이들은 성공을 통해 축적한 자본으로 도시의 자치권을 얻었습니다. 그렇게 탄생한 도시 공화국 중 대표적인 곳이 피렌체입니다. 피렌체를 통치하던 메디치 가문은 부와 명예, 권력을 다 갖고 있었습니다. 메디치 가문과 거래하던 장인들의 입지도 함께 강화됐지요. 장인들 중 일부는 뛰어난 예술가로 승격됩니다. 구찌, 페라가모 같은 장인 가문은 전통을 이어 그대로 명품 브랜드가 됐습니다.

프랑스는 이탈리아와 조금 다른 명품의 역사를 지녔습니다. 프랑스혁명으로 새롭게 사회의 주류로 편입된 부르주아들은 빠르게 권력을 얻었습니다. 하지만 채워지지 않은 욕망이 하나 있었죠. 역사와 전통을 통해 자연스럽게 풍길 수 있는 그 무엇이 필요했습니다. '귀족 코스프레' 느낌을 벗어나고 싶었지요.

부르주아들은 예전 귀족이 사용했던 물건과 라이프스타일을 따라 하기 시작했습니다. 혁명 이전의 상류층만 누리던 문화에 누구나 접근 가능하게 된 것이죠. 물론 돈이 많이 필요했지만 말입니다. 이러한 역사적 배경에서 프랑스는 에

르메스, 샤넬, 디오르, 루이비통 같은 명품 브랜드를 배출합니다.

하지만 아이러니하게도 명품 시장을 세계적인 규모로 성장시킨 곳은 미국과 중국입니다. 두 나라의 공통점은 정치·경제적으로 강국이라는 점, 신분제가 없거나 사라진 곳입니다. 그러고 보니 미국과 중국은 과거 상업으로 성공한 이탈리아, 혁명의 나라 프랑스와 많이 닮았습니다. 메디치 가문이 그랬던 것처럼 미국의 신흥 부자들도 자신을 돋보이게 해줄 무언가가 필요했습니다.

이때 이들은 다른 전략을 택했습니다. 새로운 브랜드를 만들어내는 대신 이미 존재하는 이탈리아와 프랑스의 명품들을 통해 자신을 과시하는 전략을 취합니다. 미국의 뒤를 이어 강대국 반열에 들어선 중국인들이 명품 쇼핑에 가세했지요. 프랑스의 부르주아들이 그랬던 것처럼 말입니다.

명품이 게임으로 진출하고 있는 상황은 주류 세력이 바뀌고 있음을 보여주는 사례입니다. 2019년 당시 인기 게임 리그오브레전드의 월드챔피언십(일명 롤드컵) 후원사는 루이비통이었습니다. 롤드컵 우승팀인 중국의 펀플러스피닉스(FPX)는 루이비통 커버에 담긴 우승컵을 받았습니다.

리그오브레전드의 개발사인 라이엇게임즈 Riot Games와 루이비통은 공동마케팅을 진행했습니다. 게임 속 '키아나'라는 캐릭터의 의상과 액세서리에는 루이비통 문양이 들어가 있습니다. 그리고 루이비통 매장에서는 키아나가 착용하는 의상과 귀걸이, 장갑, 부츠 같은 장신구 등을 라인업으로 구성해 '키아나 프레스티지 에디션'을 출시합니다.

가격을 한번 보시죠. 바지가 2,130달러, 신발이 1,320달러… 에디션 전체 구매에는 1만 달러가 넘는 돈이 들어갑니다. 우리나라 돈으로 1,100만 원이 넘습니다. 그러나 기사에 의하면 이 에디션은 출시된 지 채 1시간이 되지 않아 매진됐습니다. 게임을 하는 사람이나 보는 사람이 늘어나면서 명품업계는 그런 소비자에게 어필하고자 노력하고 있습니다.

구찌도 비슷합니다. 젊은 층을 공략하고 있습니다. 구찌

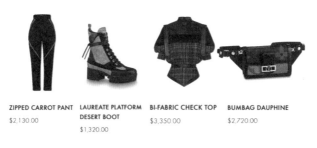

ZIPPED CARROT PANT
$2,130.00

LAUREATE PLATFORM
DESERT BOOT
$1,320.00

BI-FABRIC CHECK TOP
$3,350.00

BUMBAG DAUPHINE
$2,720.00

루이비통의 '키아나 프레스티지 에디션'

는 2019년부터 '구찌 비' '구찌 에이스' 등 간단한 아케이드 게임을 개발해 구찌 모바일 앱 안에서 게임을 즐길 수 있게 만들었습니다. 2020년 6월에는 '테니스 클래시Tennis Clash'라는 게임을 출시했습니다.

'테니스 클래시' 안에는 남녀 슈트와 티셔츠 등 총 4가지 캐릭터용 패션 아이템이 있는데, 게임머니로 구매해 자신의 아바타에 입힐 수 있습니다. 동시에 온라인 구매 사이트를 연결해 현실에서도 똑같은 디자인의 옷과 운동화를 살 수 있게 만들었습니다. 게임 아이템은 남성용 트레이닝복 세트와 운동화를 합쳐 약 1만 2,500원이면 살 수 있지만, 똑같은 실제 옷을 사려면 남성 캐릭터 기준으로 약 500만 원이 넘게 든다고 합니다.

또 다른 명품브랜드 버버리는 2020년 7월 온라인 게임 'B 서프'를 출시했습니다. 버버리가 내놓은 세 번째 게임으로, 여러 사람이 참여하는 멀티플레이 레이싱 게임입니다. 게임 안에는 버버리의 여름 신상품을 입은 캐릭터가 등장합니다. 게임 전에 서프보드와 함께 장신구를 선택할 수 있지요. 서브보드와 장신구는 실제 버버리의 'TB 서머 모노그램' 컬렉션에 있는 것들입니다. 실제 아래 캐릭터의 모자만 실물 구매가가 50만 원이 넘습니다.

구찌의 게임 '테니스 클래시' 속 한 장면

게임 'B 서프'의 캐릭터가 착용한 버버리 아이템

샤넬은 홍대 앞, 가로수길 등 젊은 층이 많이 몰리는 상권에 팝업 스토어를 열면서 아케이드 게임기 등을 배치했습니다. 젊은이들이 게임을 즐기면서 자연스럽게 제품을 체험할 수 있도록 유도하는 전략입니다. '발렌티노' '마크 제이콥스' 같은 브랜드도 2020년 봄여름 시즌 컬렉션을 게임 '모여봐요 동물의 숲'에 공개했습니다.

2021년 6월 게임기 플레이스테이션5의 제작사 소니와 프랑스의 패션 브랜드 발렌시아가는 협업을 통해 PS5 티셔츠를 발매했습니다. 그런데 이 옷의 가격은 후드티의 경우 108만 원, 티셔츠가 81만 원이었다고 합니다. 게임기보다 게임기 로고가 적힌 티셔츠가 더 비싼 셈입니다. 게임과 게임기를 통해 젊은이에게 브랜드를 자주 노출시키고 자연스럽게 구매를 유도하는 전략은 이제 보편적인 마케팅 수단입니다.

명품 브랜드가 백화점을 벗어나 게임 속으로 진출한다는 건 게임이 더 이상 아이들의 놀이터가 아니라는 증거입니다. 게임은 신흥 주류 세력이 모이는 장소입니다. 지혜로운 부모라면 이미 알고 있는 사실입니다. 신흥 세력은 자신의 캐릭터를 자신만큼 중요하게 여깁니다. 그런 점에서 패션에 관심이 있거나 럭셔리브랜드 관련 직종으로 진출을 꿈꾸는 아이가 있다면 게임 속 장신구나 의상을 눈여겨보는 것도 큰 도움이 됩니다. 부모와 함께 제품을 평가하면서 트렌드를 읽는다면 좋은 교육이 될 수 있겠지요.

적어도 패션 디자인에 있어서 현실과 게임 속 디자인은 동시에 진행되거나 혹은 게임 속 디자인이 먼저 진행되는 추세가 앞으로 더 강화될 것으로 보입니다. 게임 캐릭터 디자이너는 게임사가 아니라 명품 회사에서 앞다퉈 부르는 인재가 될 수 있겠지요.

게임 속 선거 운동,
대통령을 만들다

역사적으로 새로운 미디어는 이전과 다른 지도자를 만들어내는 통로였습니다. TV의 대중화는 케네디라는 젊은 민주당 상원의원이 경쟁자를 꺾고 미국 대통령이 되는 기회를 제공했습니다.

1960년 9월 26일은 미국 역사상 처음으로 대통령 후보 TV 토론이 중계된 날입니다. 이날 토론은 미국 인구의 3분의 1 가량이 시청했다고 합니다. 케네디는 이때 유창한 언변과 건강함, 자신감을 부각시켰고, 상대 후보였던 닉슨은 땀을 흘리고 말을 더듬는 모습을 보였습니다.

케네디는 카메라를 응시하며 이야기했지만, 닉슨은 케

네디만 바라보고 말을 함으로써 시청자들로 하여금 거리감을 느끼게 했습니다. TV의 특성과 영향을 잘 이해하고 준비한 케네디는 6주 후 진행된 선거에서 초접전 끝에 승리해 미국의 최연소 대통령이 됐습니다. 시사주간지 〈타임〉은 TV 토론이 없었다면 케네디 대통령도 없었을 것이라고 말하기도 했습니다.

노무현 전 대통령은 '인터넷이 만든 대통령'으로 평가받기도 합니다. 정치적으로 비주류였고, 고등학교 졸업이라는 학력도 쟁쟁한 후보들과 비교하기 어려웠습니다. 그런 그가 대통령에 당선될 수 있었던 요인에는 인터넷을 중심으로 결성된 지지 모임 '노사모'가 있었습니다. 그들은 인터넷을 통해 노무현이라는 인물을 알리려고 애를 썼습니다. 2000년대 초반 아직 인터넷에 익숙하지 않은 다른 후보들과 차별화가 되면서 성공으로 이어지게 된 경우지요. 이는 전통적으로 정치 여론을 주도했던 종이 신문이 인터넷에게 자리를 물려준 상징적인 사건이라고 할 수 있습니다.

케네디 대통령과 노무현 대통령의 사례는 시대의 지도자로 활약하는 데 있어 새로 등장한 미디어를 이해하고 활용하는 것이 얼마나 중요한지 잘 보여줍니다.

2020년 미 대통령 선거에서 승리한 바이든 대통령은 게임을 이용한 선거운동을 펼쳤습니다. 바이든 후보 측은 코로나19 기간 동안 인기 게임인 '모여봐요 동물의 숲'을 이용해서 선거 유세를 진행했습니다.

바이든 캠프는 게임 속에 '바이든 섬'을 개장하기도 했습니다. 바이든 섬에서는 검은 선글라스를 낀 바이든 후보의 아바타와 선거 홍보물, 가상 사무실 등을 둘러볼 수 있었지요. 섬 방문을 기념해 사진도 찍고, 이를 SNS에 공유하도록 유도하는 방식으로 비대면 선거 운동을 펼친 겁니다. 게임기를 보유하지 않은 유권자들을 위해 바이든 섬 투어 영상을 '트위치'라는 게임에 특화된 스트리밍 플랫폼에 제공하기도

게임 '모여봐요 동물의 숲' 속의 바이든 선거 캠프

했습니다.

바이든의 게임 선거 운동은 비대면 시대, 게임이 대중문화로 자리 잡은 시대에 방송 못지않게 좋은 방법이 될 수 있음을 보여줬습니다. 물론 게임 홍보로 대통령이 되었다고 말하는 건 무리입니다. 그러나 시대가 바뀌고, 유권자의 라이프스타일이 게임 속으로 들어간 때에 후보들이 유권자를 만나기 위해 게임 속으로 들어오는 일은 아주 당연한 흐름이 아닐까 생각합니다.

미 대통령 선거를 계기로 게임 속 선거 운동은 더 활발해질 것으로 예상됩니다. 정치 지도자를 꿈꾸는 자녀가 있다면, 바이든 팀이 게임 내에서 지지자들과 어떤 방식으로 소통하고 교감했는지 살펴보는 것도 좋은 경험이 되겠습니다. 이후 다른 선거에서 유력 후보들이 어떻게 게임 캠페인을 진행하는지 지켜보는 일은 미래 지도자를 위한 좋은 훈련이 될 수 있을 거라 믿습니다.

BTS,
게임 속으로 들어가다

우리나라 아이돌 그룹 방탄소년단(BTS)이 국제적인 셀럽 반열에 들었습니다. 이들은 세계 대중음악 역사에 놀랄 만한 기록을 계속 작성 중입니다. 2020년 12월 기준으로 1억 뷰의 유튜브 뮤직비디오를 28개 갖고 있고, 그중 'IDOL'이라는 곡은 뮤직비디오 8억 뷰를 달성하기도 했습니다. 노래 대부분이 영어가 아니라 한국어임을 감안하면 더 놀라운 기록입니다. 2020년 8월 발매된 BTS의 신곡 '다이너마이트'는 한 달 만에 빌보드 핫100 정상에 올랐습니다. 그로 인한 경제적 파급 효과가 1조 7천억 원이나 된다는 기록도 있습니다.

노래 '다이너마이트'는 게임에도 중요한 발자취를 남겼습니다. 다이너마이트의 안무 버전 뮤직비디오를 2020년 9월에 '포트나이트'라는 게임에서 최초 공개한 것입니다. 이게 무슨 의미일까요? 게임은 더 이상 게이머들만 모여 즐기는 폐쇄된 공간이 아니라는 뜻입니다. 세계적으로 영향력 있는 가수가 자신들의 노래를 알리기 위해 찾는 파급력 있는 공간이라는 사실입니다.

'포트나이트'라는 게임은 배틀로얄 장르로 유명합니다. 배틀로얄 방식은 수많은 사람이 전투에 참여해 마지막까지 살아남은 플레이어나 팀이 승리하는 방식의 게임입니다. BTS가 뮤직비디오를 공개한 곳은 배틀로얄 모드가 아니라

BTS가 포트나이트에 찾아온다는 홍보 이미지 (출처: 에픽게임즈)

파티로얄 모드였습니다. 전투가 지루해졌거나 전투를 좋아하지 않는 이용자들을 위해 다른 플레이어와 함께 콘서트를 즐기고 영화를 관람할 수 있도록 만들어진 게임 내 공간입니다.

포트나이트를 이용한 가수는 BTS가 처음이 아니었습니다. 코로나19로 오프라인 공연이 불가능해지자 미국의 유명 래퍼인 트래비스 스캇Travis Scott은 2020년 4월 24~26일까지 포트나이트에서 캐릭터들이 참가하는 인게임 콘서트를 개최합니다. 이 콘서트에서 신곡을 최초 공개하기도 했습니다. 이 콘서트에 무려 1,230만 명이 참가했고, 수익도 2천만 달러를 기록했다고 합니다. 더 놀라운 것은 스캇이 2019년 1년 동안 공연 콘서트로 번 수익이 총 5,350만 달러였다는 사실입니다. 그러니까 1년 매출의 37%를 단 3일 만에 벌어들인 겁니다. 코로나19가 오프라인 콘서트를 위축시킨 대신 새로운 콘서트 시장이라는 기회를 준 것입니다.

그런데 최근 더 중요한 변화들이 감지되고 있습니다. 게임 속에서 공연하는 것을 넘어 게임과 같은 세계관을 도입하고, 온라인과 오프라인을 연결해 노래를 발표하는 것은 물론 이러한 세계관을 주제로 게임을 직접 개발하는 방식입니다. 대표적인 사례는 역시 BTS입니다. BTS의 노래와 춤은 그들만의 스토리로 세계관을 구축한 게임적 요소와 결부되어 있습니다. 팬과의 단단한 결속을 돕는 부분입니다.

BTS의 노래와 뮤직비디오 속 에피소드를 보면 그냥 우연히 나온 것이 아님을 알 수 있습니다. 책《화양연화 더 노트》에는 멤버들의 이야기가 일기처럼 실려 있습니다. 이 가운데 제이홉의 일기에는 초코바가 등장하는데, 여기에서 초코바는 '거짓'과 '불행'의 상징입니다. 거짓 사랑을 깨닫는 내용의 노래 '페이크 러브' 뮤직비디오에 초코바 더미 배경으로도 묘사되지요.

이런 방식으로 문학 작품과 연관된 모티브를 정교하게 담아냅니다. 모티브 단서들을 활용해 팬들은 BTS의 세계관을 더 정밀하게 해석하고 이를 바탕으로 자신들이 직접 콘텐츠를 만듭니다. 이미 팬들 사이에서는 보편화된 문화지요.

검색 엔진에서 BTS 세계관을 주제로 한 영상은 수만 개가 검색됩니다. BTS의 팬들은 단지 가수와 노래를 소비하는 소비자가 아니라, BTS 세계관에 동의하고 여기에서 함께 BTS를 키워가는 주인인 겁니다. 게임 속에서 자신의 캐릭터를 단련하고 성장시키는 게이머와 다르지 않습니다.

세계관 구축을 바탕으로 한 노래와 뮤직비디오는 우연

히 나온 것이 아닙니다. BTS가 속한 엔터테인먼트 기업 하이브HYBE에는 게임사 넷마블이 참여하고 있습니다. 넷마블은 2019년 6월 'BTS 월드'라는 육성 모바일 게임을 출시했습니다. 게이머가 BTS 매니저가 되어 BTS를 무명 연예인에서 월드스타로 키운다는 줄거리의 게임입니다. 이 첫 번째 게임의 개발 경험으로 넷마블은 2020년 'BTS 유니버스 스토리'를 출시합니다. 선택에 따라 이야기 전개가 달라지는 인터랙티브 스토리 게임입니다. 상상력을 통해 자신만의 BTS 스토리를 만들 수 있고, 이를 다른 팬과 공유할 수 있다는 점이 특징입니다.

BTS 유니버스 스토리의 성공 여부는 더 지켜볼 필요가

게임 'BTS 유니버스 스토리'의 소개 이미지 (출처: 넷마블)

있습니다. 그러나 그 과정에서 하이브가 국내 굴지의 게임 개발사 CEO와 게임개발 경력이 있는 중견 간부들을 영입했을 뿐 아니라 게임개발사를 인수했다는 사실은 시사하는 바가 큽니다. 게임과 접목한 시도, 세계관 기반의 활동이 강화될 가능성이 높다고 보입니다.

눈여겨볼 점은 또 있습니다. 세계 음악 시장을 주도하는 BTS가 게임과 협업을 적극적으로 추구한다는 사실은 이후 다른 아이돌 그룹이나 가수에게도 틀림없이 영향을 줄 것입니다. 이런 트렌드가 가수에게만 적용되리라는 법도 없습니다. 운동선수는 BTS 문법을 따르면 안 될까요?

부모님은 우리 아이에게 적합한 세계관이 무엇인지 미리 그려보실 필요가 있습니다. 지혜로운 부모라면 아이의 진로와 어울리는 스토리와 세계관을 탐색하기에 앞서 BTS 유니버스 스토리 같은 게임들이 현재 어떻게 구현되고 있는지 확인해보시는 게 좋겠습니다. 이렇게 노력하는 부모 밑에서 자란 아이들은 틀림없이 시대를 앞서 나가거나 시대에 발맞춘 인재에 가깝게 되리라 생각합니다.

게임과의 협업,
대안이 아니라 답이다

게임은 첨단기술에 의존한 현대인의 라이프스타일과 잘 어울리는 여가 활동입니다. 그러다 보니 게임과 연관되지 않은 산업을 찾아보기가 어렵습니다. 대표적인 사례는 관광입니다.

라스베이거스에 있는 룩소LUXOR 호텔은 카지노의 주고객이었던 '베이비붐 세대'가 가고 '밀레니얼 세대'가 들이닥치자 이들을 잡기 위해 애를 쓰고 있습니다. 3성급 호텔이라 라스베이거스에 있는 다른 4~5성급 호텔과 차별화된 전략이 필요했지요. 고민 끝에 룩소 호텔은 다른 호텔에 없는 시설을 만듭니다. 고급 PC방이면서 동시에 게임 대회와 중계가 가능한 'e스포츠 아레나'입니다. 아레나 오픈 이후 젊은 관광객이 크게 늘었죠. 젊은이들을 관광객으로 유치하는 데 게임보다 더 좋은 게 없다는 사실을 증명한 사례입니다.

중국 하이난성海南省의 사례도 비슷합니다. 하이난성은 우리나라 제주도처럼 관광을 주요 수입원으로 삼는 섬 지형의 지역입니다. 하이난성은 2019년 '하이 6조海六条'를 발표했는데, 주요 내용은 1억 위안의 자금과 인력 지원, 세금 감면, 출입국 무비자, e스포츠 경기 심사 및 방송 등 6가지 분야에 대한 정책 지원입니다. 한마디로 게임을 좋아하는 전 세계 선수와 팬들이 하이난에 와서 경기를 열고 즐기라는 의미로 요약할 수 있습니다.

룩소 호텔의 e스포츠 아레나 (출처: Esports Arena Las Vegas)

다음 사례는 식품입니다. 배가 고프거나 목마른 상태에서 즐거움을 누리기는 어렵습니다. 이런 면에서 게임은 식품과 아주 잘 어울리는 품목입니다. 라이엇게임즈와 코카콜라는 콜라보레이션을 통해 리그오브레전드 챔피언 일러스트 음료캔 'LoL 환타'를 출시한 바 있습니다. 게임사 블리자드엔터테인먼트는 자사의 FPS 게임 '콜 오브 듀티: 모던 워페어'로 탄산음료 맥콜과 제휴해 한정판 음료인 '맥콜 오브 듀티'를 판매하기도 했습니다.

식품회사 단독으로 움직이는 경우도 있습니다. '힐러'라는 이름의 라면이 대표적인 사례입니다. 이 라면은 게이머들의 영양 보충을 위한 요리대회에서 첫 번째로 우승한 요리라는 설정이 있습니다. 요리대회가 지속되면서 계속 새로운 라면이 등장할 것이라는 기대감을 주는 경우입니다.

롯데제과는 월드콘의 새 광고 모델로 e스포츠 1위 게임 리그오브레전드의 대표 프로게이머 페이커를 모델로 발탁했고, 펄어비스에서 서비스하는 게임 '검은사막'은 광천김과 함께 2020년 '김은사막'을 내놓는 방식으로 마케팅을 진행했습니다. 청소년에게 어필하려면 게임 또는 프로게이머와 연결하는 시대가 된 것입니다.

게임과 김의 콜라보레이션 '김은사막' (출처: 펄어비스 홈페이지)

젊은 층이 스포츠보다 게임을 더 좋아하게 되면서 스포츠가 게임과 손을 잡은 사례로 축구가 있습니다. 2015년 터키의 스포츠 클럽인 '베식타스'가 리그오브레전드 팀을 창단해 터키 리그인 TCL에 참가했고, 독일의 축구팀 '볼프스부르크', 영국의 '웨스트햄 유나이티드'가 게임 '피파17'의 프로게이머를 영입했습니다. 2018년 1월, 미국 축구 리그인 MLS도 'eMLS'라는 피파18 e스포츠 대회를 출범했습니다.

다른 스포츠 종목도 사정은 비슷합니다. 2018년 미국의 게임사 테이크투 인터렉티브 소프트웨어가 NBA와 손잡고 NBA 2K 리그를 출범했습니다. 미식축구는 매든 NFL을 통해 e스포츠에 진출했습니다. 매든 NFL은 EA에서 출시한 미식축구 게임 시리즈입니다. 여기서 주최하는 e스포츠 대회 '매든 얼티밋 리그 챔피언십'은 ESPN, 디즈니 XD 채널을 통해 중계되기도 했습니다.

자동차 경주 대회 F1은 국제자동차연맹(FIA)이 직접 주최하는 게임 대회를 개최한 바 있습니다. 실제 F1과 비슷하게 꾸며진 환경에서 2017년부터 경기를 치르고 있기도 합니다. e스포츠를 중계하는 채널도 늘고 있습니다. 미국의 전통 스포츠 매체인 ESPN은 2018년 7월 인기 게임 '오버워치' 결승전을 주말 저녁에 생중계한 바 있습니다.

ESPN의 오버워치 리그 중계 장면 (출처: www.gamersclassified.com)

코로나19로 스포츠 대회가 연기되거나 무관중 대회로 전환되면서 게임과 e스포츠에 대한 관심은 더 부각되고 있습니다. 2020년 5월 마드리드 오픈은 스페인 마드리드에서 열릴 예정이었으나 코로나19로 취소됐고, 대신 4월 27일부터 나흘간 남녀 선수 16명씩 출전하는 온라인 게임을 진행해 남자부와 여자부 각각의 우승자에게 상금 15만 유로(약 2억 원)를 지급했습니다.

이 외에도 게임이 다른 분야와 협업하는 사례는 무수히 많습니다. 차라리 게임과 협업하지 않는 사례를 찾는 게 더 빠를 정도입니다. 첨단 영역과 전통 영역 가릴 것 없이 게임은 이제 일상의 한 부분으로 고려하지 않으면 안 되는 요소입니다. 게임을 공부나 진로에 방해가 되는 요인으로 볼 필요가 없습니다.

지혜로운 부모는 자녀가 어떤 진로를 선택하든 게임을 잘하거나 게임 정보에 익숙하다면 오히려 경쟁력이 된다는 점을 이해해야 합니다. 새로운 게임과 다른 산업 간의 협업을 눈여겨보는 것도 자녀의 미래에 큰 도움을 주리라 생각합니다.

일기예보에 녹아 있는
게임 기술

일기예보는 중요한 정보입니다. 특히 요즘처럼 미세먼지 농도 같은 정보가 예보와 밀접하게 연관되다 보니 중요한 생활정보로 점점 더 부각되고 있는 상황입니다. 시청자들을 사로잡기 위해 일기예보 분야에서는 미모의 기상캐스터를 영입하려는 시도에서부터 첨단기술 도입 경쟁까지 치열하게 싸움이 일어나고 있지요. 그런데 일기예보 경쟁에서 게임 기술이 첨단무기로 부각되고 있다는 사실을 아시는지요?

미국의 더 웨더 채널The Weather Channel 방송국은 개국 이후 40여 년 동안 전문 일기예보 및 기상 분석을 전달해왔습니다. 그런데 더 웨더 채널은 더 흥미롭고 유용한 방송을 제

'더 웨더 채널'의 일기예보

공하기 위해 2018년 더 퓨처 그룹The Future Group과 손잡고 언리얼엔진Unreal Engine이라는 게임 제작 도구를 활용해 번개와 토네이도의 몰입형 혼합현실(IMR)을 선보였습니다. 폭풍 해일과 대형 산불을 실감나게 구현한 증강현실 방송을 내보내기도 했죠. 이러한 시도는 엄청난 반향을 불러 일으켰습니다. 언론의 찬사가 쏟아졌고, 날씨의 위험을 현실적으로 묘사한 공로를 인정받아 에미상까지 수상했습니다.

하지만 방송 계획과 연출에 상당한 시간이 소요되어 사전녹화 방송으로 진행하다가 이 한계를 극복하기 위해 2020년 6월 자체 스튜디오를 개설합니다. 날씨 뉴스를 매일 생방송으로 내보낼 수 있게 된 것이죠. 게임 기술 덕분에 더 이상

기상캐스터가 위험하게 폭풍 현장에 나가지 않아도 충분히 실감나는 영상을 볼 수 있게 됐습니다.

게임 기술이 적극적으로 활용되고 있는 곳은 역시 방송 분야입니다. 국내에서 방영된 드라마 '아이템'에는 주인공이 소파에 앉아 가상의 적을 해치우는 장면이 등장합니다. 언리얼엔진으로 제작된 장면입니다. 그 외에도 게임 예능 '두니아 처음 만난 세계'는 넥슨에서 서비스한 게임 '야생의 땅 듀랑고'를 소재로 만들어졌습니다. 가상의 캐릭터와 거대한 숲, 폭포, 섬, 바다, 모래 해변 등의 장엄한 장면이 게임 엔진을 활용해 실감나게 연출된 사례입니다.

그 밖에도 여러 게임엔진들이 영화와 애니메이션 제작에 적극 활용되고 있습니다. 방송이나 영화계에서 일하려면 게임 제작기술이나 게임엔진에 대한 지식도 갖추고 있어야 할 필요를 느낍니다.

자동차를 개발하고 시험하는 일에는 비용이 많이 들고 위험도도 높습니다. 그래서 BMW는 게임엔진을 이용합니다. 언리얼엔진을 활용한 혼합현실(MR) 시스템을 자동차 디자인 개발 프로세스에 도입했습니다. 언리얼엔진으로 차체 표면을 생성하고, 3D프린터로 제작한 시제품을 실제 자동차 디자인에 활용합니다. 게임엔진은 실제 차량 인테리어 모델을 결합해 주행 시뮬레이션을 체험하게 해주고, 내장재와 창문 크기 등 모든 요소를 실시간으로 모델링해 생생하게 보여줍니다.

게임엔진은 안전한 도로 환경을 위해서도 사용됩니다. 유니티Unity 게임엔진은 워싱턴주 벨뷰의 교통안전 프로젝트에 활용된 적이 있습니다. 카메라로 교통 상황을 촬영한 뒤해당 데이터를 분석하고 시뮬레이션하는 과정에 게임엔진을 사용했습니다. 기존에는 일일이 수작업으로 진행해야 했던 데이터 분석을 게임엔진을 통해 단시간에 정확하게 분석해 교통 정책에 활용한 경우입니다.

그 외에도 건축, 항공기 제작 및 훈련, 군사 등 게임 기술은 광범위하게 확산되고 있습니다. 더 이상 게임 기술은 단지 게임사에 취직하기 위해 필요한 기술이 아닙니다. 미래 사회에 필요한 보편적인 기술이 되고 있습니다. 50년 전에는 꿈도 못 꾸었던 동영상 제작이 아이들도 쉽게 따라 하는 기술이 된 것처럼 말입니다.

지혜로운 부모라면 게임이 어떤 방식으로 만들어지고 응용되는지 대략의 원리를 알아둘 필요가 있습니다.

낯선 기술을 친숙하게 바꿔주는
게임의 마법

인간에게 두려움을 유발하는 대상의 공통점은 '낯선 것'입니다. 아이가 세상에 태어나 6개월이 지날 무렵 처음 갖게 되는 두려움 중 하나가 낯선 사람에 대한 것이지요.

낯가림은 성격에 따라 편차가 있기는 하지만, '이방인 불안Stranger Anxiety'이라는 이름으로 지속됩니다. 이방인 불안은 엘리베이터 안에서 쉽게 확인됩니다. 아는 사람끼리 잘 떠들다가도 낯선 사람이 타면 조용해집니다. 낯선 사람의 심기를 건드리지 않으려는 방어 전략이 작동하기 때문입니다.

아이들이 자라 성인이 되고 독립한다는 의미는 낯선 사람과 어울려 살아야 한다는 것을 뜻하기도 합니다. 요즘 낯선 사람과 쉽게 친해지는 방법 중 하나는 게임입니다. 게임을 같이 하려면 서로 친구가 될 의사가 있다는 것이 전제가 되어야 합니다. 게임 중 팽팽한 긴장과 이완 과정이 반복되면서 마음속에 가지고 있던 방어막은 옅어지게 되지요. 그 사이에 서로의 깊숙한 마음 곳곳을 탐색할 수 있는 공간이 자연스럽게 열립니다.

이런 점에서 게임을 잘하는 사람은 낯선 사람을 어렵지 않게 친구로 만들 수 있는 중요한 기술을 가졌다고도 말할 수 있습니다. 서로 아는 사이라도 더 친밀해지기 위한 전략으로 게임이 효과적이라는 사실은 상식에 가깝습니다. 아이의 마음을 이해하고 싶다면 함께 게임을 하거나 좀 더 넓은 의미에서 함께 할 수 있는 놀이를 해보는 것이 좋습니다.

낯선 물건이나 제도도 두려움을 유발합니다. 특히 어른에게서 심하게 나타나는 두려움이죠. 이러한 두려움 제거에서도 게임은 아주 좋은 효과를 냅니다.

'테니스 포 투Tennis for Two'는 1958년 미국 원자력 연구시설인 브룩헤이븐 국립연구소의 연구원 윌리엄 히긴보섬 William Higinbotham이 개발한 게임입니다. 그는 연구소 방문객에게 첨단기술을 이용해 즐거움을 줄 요량으로 게임 개발을 궁리하다가 신호 계측에 사용하던 5인치 아날로그 오실

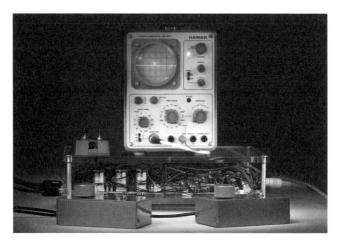

세계 최초의 컴퓨터게임 '테니스 포 투'

로스코프에 간단한 회로와 간이 조종기를 연결했습니다. 원자력 기기가 게임을 통해 친숙한 기기로 전환되는 현장이었죠. 그리고 전자기기로 만들어진 게임이 역사상 최초로 등장한 순간이기도 합니다.

낯설음을 친숙함으로 바꾸는 게임의 역할은 이후에도 지속됐습니다. 1980년대 PC가 보급되면서 타자기를 컴퓨터로 대체하려는 노력이 있었습니다. 그러나 타자기에 익숙하던 직원들은 낯선 컴퓨터 자판에 극도의 거부감을 나타냈습니다. 이때 컴퓨터를 휴게실에만 배치해놓고 게임용으로 쓰게 만들었습니다. 그리고 2개월쯤 지난 뒤 사무실에 업무용 컴퓨터를 배치했더니 거부감 없이 정착하게 됐다고 전해집니다. 게임이 낯선 기계에 대한 거부감을 지워준 겁니다.

윈도우에 기본 설치된 게임 지뢰찾기나 카드놀이도 사실은 마우스를 익숙하게 다루는 훈련용으로 삽입됐습니다. 조금 더 빨리 지뢰를 찾으려고 애쓰는 동안 우리는 마우스의 좌우 클릭과 더블 클릭 등을 마스터한 겁니다. 즐기는 것만큼 강력한 배움은 없다는 사실을 다시 깨닫게 됩니다.

재미있는 게임은 그 자체로 적응에 도움을 주는 기능을 내재하고 있다고 여겨집니다. 그래서 게임의 분류 중 '기능성 게임serious game'이라는 카테고리가 있습니다. 교육, 학습, 훈련, 치료 등 특별한 목적을 접목시켜 게임이 가지는 순기능을 더욱 확장시킨 형태의 게임을 말합니다. 저희 아이는 '마인 크래프트' 같은 게임의 글로벌 서버에 워낙 자주 접속하다 보니 영어에 대한 두려움이 없어져 영어로 쓰고 말하기에 조금 더 빨리 익숙해졌습니다. 마치 기능성 게임 같은 효과를 경험한 사례입니다.

매일 새로운 기술이 세상을 놀라게 하고 있습니다. 피하기만 해서는 안 될 변화입니다. 오래전부터 조상들은 두려움을 없애고 친근하게 다가갈 수 있는 방법을 놀이나 게임 속에서 찾았습니다. 이 방법은 4차 산업혁명 시대에도 여전히 유효합니다.

지혜로운 부모라면 자녀에게 권하고 싶은 진로나 재능을 게임과 연결시켜 보시기 바랍니다. 인문학, 자연과학, 예체능 그 어떤 분야도 이제는 게임과 무관하기 어려운 환경입니다. 오히려 그 결속이 더 강화되어가는 쪽이 확실한 트렌드입니다.

게임으로 여는
메타버스

코로나가 촉발한 비대면 사회는 학교와 직장, 여행과 모임 같은 우리 일상을 송두리째 바꾸어 버렸습니다. 앞서 소개한 포트나이트, 로블록스, 제페토와 같은 게임들이 대안이 되어 이제 우리는 그 속에서 공연과 영화를 보고 생일파티를 하며 입학식과 졸업식, 수업을 진행합니다. 이렇게 가상과 현실이 융합되는 현상을 메타버스Metaverse라고 부릅니다.

'초월한' 혹은 '더 높은'이라는 뜻을 가진 접두어 '메타Meta'와 세계 혹은 세계관이라는 뜻의 유니버스Universe의 합성어인 메타버스는 1992년 닐 스티븐슨의 소설《스노 크래시》에서 아바타와 함께 등장한 개념입니다. 이 용어가 널리 퍼지게 된 계기는 2003년 '세컨드라이프'라는 가상현실 서비스가 시작되면서부터입니다.

그런데 아직 기술적으로나 문화적으로 가상세계와 현실세계를 잇는 데는 한계가 많아 세컨드라이프의 인기가 식으면서 메타버스도 서서히 잊힙니다. 그런데 혁신적인 VR기기와 5G라는 통신기술이 비약적으로 발전하던 중 코로나19가 터집니다. 현실은 급속히 사이버 세상으로 옮겨가게 되었고, 그 속에서 일상생활과 경제가 자연스럽게 통합됩니다. 덕분에 메타버스는 주요한 경제 이슈로 부상하게 되었습니다.

메타버스가 곧 게임은 아닙니다. 하지만 수억 명의 이용자들이 함께 원활하게 움직일 수 있는 기술과 경험을 보통 게임사가 보유하고 있어 메타버스를 게임이 선도하고 있다고 보는 전문가들이 많습니다.[38] 이런 견해가 맞다면, 메타버스의 근원이 게임에 있다고 봐도 무방하겠습니다.

애플, 마이크로소프트, 아마존, 구글, 페이스북 같은 대형정보기술 기업, 즉 빅테크Big tech 기업은 게임과 관련된 직간접적 서비스를 하는 것과 동시에 메타버스의 근간이 되는 핵심기기 및 기술에 대한 투자도 함께 진행하고 있습니다. 마이크로소프트는 증강현실AR 글라스인 홀로렌즈를 2015

년 공개한 바 있으며, 2020년 11월 진보한 혼합현실MR 경험을 제공하는 홀로렌즈2 판매를 하고 있습니다.

홀로렌즈2의 놀라운 점은 가상의 사물(예를 들면, 공룡이나 인체 해부)을 현실 공간에 생생하게 보여주고 마음대로 조작할 수 있을 뿐 아니라 홀로렌즈2를 갖고 있는 다른 사람과 같은 대상을 공유할 수 있다는 것입니다. 학교나 회사에 가지 않더라도 함께 수업하고 업무를 진행하는 데 아무 문제가 없는 기술이 구현된 것입니다. 2021년 5월 현재 판매 가격이 500만 원 안팎으로 아직 가격이 문제지만 수요가 많아지고 기술이 더 발전하면 가격이 내려가는 것은 시간문제입니다.

홀로렌즈2를 이용해 산업현장에서 협업하는 장면 (출처: 마이크로소프트)

또 다른 혁신적 가상현실VR 기기 중 하나는 페이스북의 '오큘러스 퀘스트2'라는 제품입니다. 이 제품은 전작을 개량해 PC 없이 단독으로 뛰어난 성능을 보여줄 뿐 아니라 가격도 대폭 낮춰 우리나라 돈으로 40만 원 안팎이면 살 수 있습니다. 초기 물량이 부족해 대기해야 하는 실정이긴 하지만, 스마트폰이 누구나 지닌 필수품인 것처럼 1인 1VR의 시대가 머지않았다고 보여집니다.

이와 같은 제품과 서비스는 애플, 삼성, 구글 등 거의 모든 빅테크 기업에서 진행 중입니다. 세계를 이끄는 기업들이 메타버스 투자에 공들이는 현실을 고려할 때, 가상공간에서 함께 공부하고 일하며 노는 모습은 더 이상 영화 속의 일이 아닙니다. 곧 우리 삶 속으로 들어올 예정입니다.

메타버스는 현실과 연결되어 있지만 현실 세계와 다른 특성을 지닙니다. 우선 현실의 세계관과 메타버스의 세계관이 다릅니다. 현실의 대인관계에서는 국적, 나이, 성별, 학력, 외모가 중요한 요인입니다. 메타버스에서는 이런 것들이 거의 필요 없습니다. 아바타와 닉네임으로만 소통합니다. 현실의 나이나 이름 혹은 성별에 관심을 두지 않습니다. 메타버스 속에서 필요한 능력을 누가 더 많이 가지고 있는

가에 따라 처지가 달라집니다. 팀을 위기에서 구하는 실력자가 중학생이든 할머니든 상관없다는 얘기입니다. 굳이 알 필요도 느끼지 못합니다. EBS의 인기 캐릭터 펭수 탈 속에 들어간 사람을 궁금해하지 않는 것처럼 말입니다.

그렇다 보니 현실에서는 어린애 취급을 받는 10~20대 중에서 성공한 사례를 메타버스 속에서는 쉽게 찾을 있습니다. 로블록스의 최고 인기 게임 중 하나인 '탈옥수와 경찰'을 만든 알렉스 발판즈 Alex Balfanz는 1999년생입니다. 그는 로블록스에서 만난 친구와 9살 때부터 게임 개발에 몰두해 고등학교 3학년이던 지난 2017년 이 게임을 출시했습니다. 게임 '탈옥수와 경찰'의 누적 이용자 수는 48억 명으로, 게

로블록스 내에서 가장 인기 있는 게임 중 하나인 '탈옥수와 경찰' (출처: ROBLOX)

임 내 아이템 판매액은 연간 수십억 원으로 추정됩니다.

이른 나이에 쉽게 돈을 벌면 혹시 나쁜 일이 벌어질까 걱정하는 분도 계실지 모릅니다. 그런데 CNN의 보도[39]를 보면 20대에 성공한 게임개발자 오여0yer라는 청년은 자신이 번 초과수익을 자선사업으로 전환해 40개의 학자금 대출을 지원하고 있다고 합니다.

세계관이 다르다 보니 메타버스 기업이 인재를 찾는 방식도 현실과 차이가 있습니다. 전 세계 시가총액 1위 애플은 세계적으로 연봉이 높을 뿐 아니라 복지 제도가 잘 되어 있고, 미래 전망이 좋아 누구나 취업하고 싶어 하는 회사입니다. 2019년 3월 백악관에서 열린 정책자문위원회에서 애플의 CEO 팀 쿡은 "2018년 애플이 미국에서 고용한 직원 절반은 4년제 학위가 없다"고 발언한 적이 있습니다. 그 이유를 설명하는 과정에서 그는 '기업이 원하는 기술'과 '대학이 가르치는 기술'이 불일치하기 때문이라고 밝혔습니다.[40]

또 다른 빅테크 기업 구글은 많은 전문 인력이 필요한 분야를 교육하는 6개월 과정의 '구글 커리어 자격증' 교육 프로그램을 개설하기도 했습니다. 이 교육 프로그램은 한 달에 49달러(약 5만 원), 6개월을 수강해도 30만 원 정도면 충분합니다. 구글 프로그램에는 보조금과 장학금 제도도 있어서 의지만 있다면 무료로 교육을 받을 수 있는 길도 적지 않습니다. 더 놀라운 것은, 이 과정을 수료하면 채용할 때 4년제 학위와 동일한 취급을 받는다는 점입니다.[41]

구글과 애플은 왜 인재를 뽑을 때 대학 졸업자를 선호하지 않거나 자사의 교육 프로그램을 따로 운영할까요? 애플의 팀 쿡이 밝힌 것처럼, 현실의 대학이 메타버스에서 필요한 능력을 가르치지 못하기 때문입니다.

이제 대학과 졸업장이 경쟁력을 가지려면 캠퍼스를 메타버스로 옮겨 메타버스에서 필요한 역량을 교육해야 합니다. 지금 초등학생들이 로블록스와 제페토에서 일상적으로 즐기는 것들이 세계 최고의 빅테크 기업이 원하는 것인지도 모릅니다. 현실의 대학에서 가르쳐주지 못하는 기술과 지식 말입니다.

3부

게임세대 아이를 위해
부모는
무엇을
준비해야 하나

GAME LITERACY
GUIDE

스티브 잡스, 빌 게이츠,
일론 머스크의 공통점

전기차와 자율주행차로 혁신을 이끄는 테슬라의 일론 머스크, 아이폰과 아이패드 등의 신기술로 새로운 세상을 연 애플의 스티브 잡스, PC를 대중화시키고 윈도우, MS오피스 등의 프로그램을 개발해 10여 년 이상 세계 최고 부자의 자리를 지킨 빌 게이츠. 이들의 공통점은 뭘까요?

모두 혁신적인 기술로 삶의 영향을 미친 글로벌 리더들이죠. 그런데 그 외에 또 다른 공통점이 있습니다. 모두 게임과 깊은 연관이 있는 인물이라는 점입니다.

테슬라 자동차에 게임이 탑재된 배경에는 일론 머스크의 과거 경험이 크게 반영됐습니다. 일론 머스크는 자신이

일론 머스크가 12살에 마든 게임 '블래스타'

어린 시절 게임 덕분에 기술에 관심을 갖게 됐다고 밝힌 바 있습니다. 12살 때 직접 게임을 만들어 팔기도 했다고 합니다. 게임이 아니었다면 프로그래밍을 시작하지도 않았을 거라는 말도 했습니다. 일론 머스크가 어린 시절 게임을 접하지 못했다면 테슬라의 자율주행차나 스페이스X의 로켓발사 프로젝트를 시작할 수 있는 원동력이 없었을지도 모릅니다.

일론 머스크의 롤 모델인 스티브 잡스도 비슷합니다. 스티브 잡스는 세계 최초의 상용화 게임 '퐁Pong'을 만든 게임회사 출신입니다. 대학을 자퇴한 잡스는 '즐기면서 돈을 버세요'라고 적힌 구인광고를 보고 실리콘밸리에 있는 게임회사 아타리로 찾아갑니다. 행색이 추레한 잡스를 탐탁지 않게 생각한 인사 담당자에게 "내게 일자리를 줄 때까지 나가지 않겠다"고 떼를 씁니다. 아타리의 창업자 놀란 부쉬넬 Nolan Bushnell은 잡스의 자신감을 높이 평가해 그를 채용하기에 이릅니다.

스티브 잡스는 2년 동안 야근을 자처하며 게임 개발에 전념합니다. 당시 함께 게임을 개발한 동료가 애플의 공동 창업자 스티브 워즈니악Steve Wozniak이었습니다. 두 사람이 야근을 마다하지 않고 개발한 벽돌깨기 게임 '브레이크아웃 Breakout'은 아타리에 큰 성공을 안겨다 주었습니다. 잡스의 게임 개발 경험은 이후 애플 컴퓨터에서 아이폰으로 이어지는 혁신의 첫 단추가 되었습니다.

빌 게이츠는 1981년 마이크로소프트사를 창립합니다. 그는 자신이 개발한 베이직 프로그램으로 무엇을 할 수 있는지 보여주기 위해 응용프로그램 하나를 만듭니다. '동키 Donkey'라는 컴퓨터 게임이었습니다. 아래 이미지에서 보는 것처럼 도로에 갑자기 나타난 당나귀를 피해 운전하는 단순한 형식의 게임이었습니다. 지금 수준으로 보면 이것도 게임인가 싶지만, 그 당시에는 매우 스릴 있던 게임이라고 빌 게이츠가 직접 밝힌 바도 있지요.

마이크로소프트 초기부터 게임을 개발하고 활용할 줄 알았던 빌 게이츠가 윈도우 기본 프로그램에 지뢰 찾기, 카

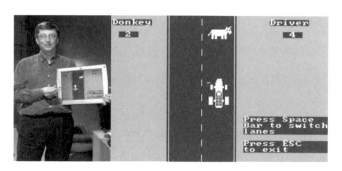

빌 게이츠가 만든 컴퓨터 게임

드놀이 같은 게임을 넣어둔 건 우연이 아니었습니다. 사무
용 PC로 사무실을 점령한 그는 '엑스박스'라는 게임기를 출
시해 집안까지 진출합니다. 게임으로 시작한 여정이 지금의
빌 게이츠를 만들었다고 해도 과언이 아니지요.

　페이스북을 만들어 전 세계 SNS를 평정한 마크 저커버
그Mark Zuckerberg는 추운 겨울 밖에 나가고 싶어 하지 않는 누
나를 위해 '눈싸움 게임'을 개발한 경력이 있습니다. 그때
그의 나이가 10살이었다고 하지요. 그는 처음 게임을 만든
뒤 재미가 붙어 직접 수많은 게임을 개발했는데, 그 과정이
페이스북을 만드는 데 큰 영향을 주었다고 말했습니다.

　'알파고의 아버지' 데미스 하사비스Demis Hassabis 역시 어
릴 적부터 체스와 다양한 보드게임을 좋아했던 게임개발자

출신입니다. 그는 알파고를 만드는 과정에서 게임을 통해 인공지능을 학습시키는 영상을 공개한 바 있습니다. 그 외에도 알리바바의 마윈, 소프트뱅크그룹의 손정의 회장 같은 혁신가들 역시 게임사를 인수해 경영한 경험을 갖고 있습니다. 수많은 리더들이 게임을 거쳐 현재의 자리에 이르게 된 것이 그냥 우연일까요?

세계적으로 존경을 받는 인물들이 어떤 방식으로든 게임을 거치면서 게임의 상상력과 도전 정신, 협력과 경쟁 방식을 자연스럽게 습득하게 된 겁니다. 최근 혁신기술을 선도하는 기업들이 게이머들과 게임개발자를 앞다투어 채용하는 이유이기도 합니다. 게임을 좋아하는 우리 아이들이 지금의 혁신기업들이 원하는 인재로 나아가고 있는지도 모릅니다.

우리 아이들이 미래의 인재로 커갈 수 있도록 자녀의 재능을 알아보고 계속 키워나갈 준비가 되어있으신지요? 세상을 놀라게 할 혁신적인 리더의 자질을 가진 아이를 주어진 일만 잘하는 평범한 직장인으로 키우고 있는 것은 아닌지 냉정하게 돌아봐야 합니다. 한 사람의 부모인 저 자신에게도 늘 되묻는 질문이기도 합니다.

게임을 좋아하는 아이들이 혁신적인 리더로 거듭나려면 먼저 부모가 혁신적이 되어야 합니다. 게임 얘기가 나오면 '게임중독'을 먼저 떠올리고 두려움을 느끼는 부모들이 많습니다. 하지만 그것이 과장된 두려움이었음을 많은 연구와 경험들이 증명하고 있습니다.

사소한 위험이 있다 하더라도 그 안에 더 큰 가능성이 있다면 가능성은 살리고 위험은 줄이는 쪽으로 움직여야 합니다. 그래서 잘 알아야 합니다. 지혜로운 부모라면 아이들이 적지 않은 시간과 관심을 기울이는 대상이 과연 어떤 건지 공부해둬야 합니다.

게임과 우리 아이에 대한
착각

우리가 공통적으로 두려워하는 대상 중 하나로 알지 못하는 것, 즉 미지未知가 있습니다. 계몽주의 학자들은 사람이 어떤 대상에 대해 알지 못하는 것이 더 이상 없게 되면 두려움이 사라지고 그 자리에 자신감이 들어선다고 말합니다. 인류 문명은 과학을 통해 미지의 대상을 밝히면서 발전했고, 그 맥락은 두려움을 줄여가는 과정이었다고 말할 수 있습니다.

부모가 게임을 잘 알게 되면 우리 아이와 실랑이를 멈출 수 있을까요? 급변하는 요즘 시대에 게임을 잘 알기도 어렵지만, 게임을 온전히 이해한다고 해도 문제 해결을 위해서는 절반의 지식밖에 안 됩니다. 우리가 공부해야 할 나머지 절반은 우리 아이의 마음 상태입니다.

낳고 길렀으니 부모는 아이의 마음을 가장 잘 안다고 생각할지도 모릅니다. 부모인 나도 어린 시절을 겪었으니 아이 마음을 어느 정도는 이해한다고 확신 하시죠. 그런데 그건 오해입니다. '지식착각Illusion of Knowledge'이라는 연구가 이를 증명합니다.

'지식착각'이란 실제로는 잘 모르지만 잘 알고 있다고 착각하는 것을 의미합니다. 쉬운 실험을 한번 해봅시다. 거의 모든 사람들은 자신이 사용하고 있는 스마트폰에 대해 잘 안다고 생각합니다. 자주 들여다봤으니까요. 그런데 스마트폰 화면을 보이지 않게 덮어 두고 배경화면에 어떤 앱이 있는지 한번 그려 보십시오. 갑자기 생각이 나지 않거나, 설령 그렸다고 하더라도 순서나 배치가 다른 경우가 많습니다. 제 경우 앱 아이콘 9개 중 절반도 배치를 맞추지 못했고, 심지어 하루에도 수십 번 쓰는 메신저 아이콘의 좌우도 바뀌 그렸습니다.

왜일까요? '보이지 않는 고릴라' 실험으로 유명한 인지학자 크리스토퍼 차브리스Christopher Chabris와 대니얼 사이먼스Daniel Simons는 익숙함이 지식착각을 유발한다고 설명합니다. 자주 봐서 익숙한 대상을 우리는 충분히 잘 알고 있다고 확신합니다. 부모가 내 아이를 잘 알고 있다는 믿음도 익숙함에서 오는 착각은 아닐까요?

지식착각은 게임에도 적용됩니다. 아이가 게임하는 모습을 자주 봤으니 어느 정도 안다고 생각하실지 모르겠지만, 실제로 제가 만난 부모님의 대다수는 자신의 아이가 자주 즐기는 게임의 이름을 몰랐고, 게임 이름을 한다 해도 현재 아이의 게임 레벨이나 좋아하는 게임 유형, 주로 수행하는 역할, 게임이 어떤 방식으로 흘러가는지와 같은 세부 사항까지 아는 분은 극히 드물었습니다.

실제로는 아는 게 많지 않음에도 불구하고 아이와 게임을 잘 알고 있다고 생각하는 믿음이 매번 똑같은 갈등을 반복하게 만드는 원인이라는 생각이 들었습니다.

게임과 아이가 결합되면 실상은 더 복잡한 일이 벌어집니다. 아이들이 약속된 게임 시간을 지키지 못해 자주 갈등을 빚지요. 이때 게임이 아이를 거짓말쟁이로 만든 것인지, 아니면 그 나이대의 아이들이 흔히 보이는 발달 과정의 현상인지를 구분할 수 있어야 합니다. 매우 중요한 부분입니다. 재미있는 일을 하다가 정해진 시간을 놓치는 건 어른들도 자주 하는 실수입니다. 이제 10년 남짓 세상을 살아온 아이들에게 어른도 힘든 '시간 엄수'를 강요하는 건 어쩌면 비현실적인 기대인지도 모릅니다.

평범한 발달 과정에서 나타나는 현상을 게임 탓으로 돌리고 문제 삼는 행위, 게임의 문제를 아이의 성격이나 심성의 문제로 돌리는 행위는 문제 해결이 아니라 아이와 부모 사이를 더 멀어지게 만드는 최악의 상황으로 이어질 수도 있습니다.

지혜로운 부모는 게임하는 아이를 한 덩어리로 보지 않고 여러모로 구분해서 봅니다. 그런 분별력이 필요합니다. 게임하는 아이를 보면서 막연하게 걱정을 하기보다는 우리 아이가 지금 어떤 성장 단계를 지나고 있는지 이해해야 합니다. 그러면 좀 더 큰 차원에서 다시 아이를 바라볼 수 있고, 이해도 더 깊어집니다.

부모가 할 수 있는 일과
할 수 없는 일

많은 부모들이 이런 생각을 합니다. 아이가 잘되는 것도 잘못되는 것도 모두 부모가 어떻게 하느냐에 따라 달려 있다. 그래서 만만치 않은 직장 생활, 끝도 없는 집안일을 하기도 버거운데 남은 힘은 모조리 아이를 위해 털어 넣으시지요. 그래서 결과가 좋다면야 아무 문제없겠지만, 현실이 그런가요? 아이의 성장과 성공에는 부모의 영향이 절대적일까요? 이 질문의 답은 '일부만 맞다'입니다. 적어도 지금까지 나온 연구 결과들을 살펴보면 그렇습니다.

'양육가설the nurture assumption'이라는 개념이 있습니다. 아이는 부모가 어떻게 하느냐에 달려 있다로 요약되는 개념입니다. 여기에서는 아이가 잘되는 것도 잘못되는 것도 모두 부모 탓입니다.

양육가설은 20세기 초중반 아주 인기 있던 이론입니다. 그래서 이를 검증하기 위해 기발한 실험이 진행된 적이 있습니다. 인간 아기와 침팬지를 함께 기르는 겁니다. 양육가설이 맞다면, 침팬지는 인간에 훨씬 더 가까워졌어야 했는데요. 결과는 어땠을까요?

1931년 인디애나대학교 심리학과의 윈스롭 켈로그 Winthrop Kellogg 교수는 아내의 협조를 얻어 자신의 아이인 생후 10개월 '도널드Donald'와 7개월 된 침팬지 '구아Gua'를 함께 키우는 실험을 시작했습니다.

구아는 입양되자마자 도널드와 똑같은 방식으로 길러졌습니다. 같은 옷을 입고, 같은 신발을 신고, 같이 밥을 먹고, 같은 시간에 낮잠을 자고, 목욕도 함께 했습니다. 구아와 도널드는 함께 뛰어다니며 놀기도 하고, 둘 중 한쪽이 울면 다독이고 끌어안아주기도 했습니다. 형제처럼 지냈지요.

성장 속도는 침팬지가 빨라 켈로그 박사가 실시한 검사에서 구아는 보통 도널드와 비슷하거나 더 뛰어났습니다. 새로운 장난감이 생기면 구아가 더 적극적이고 능동적이어서 도널드는 항상 구아를 모방하거나 수동적으로 따르기만

했지요. 그런데 이 실험은 9개월 만에 중단됐습니다. 침팬지가 사람을 닮아가는 것이 아니라 사람이 침팬지를 닮아갔기 때문입니다.

14개월 무렵 도널드는 오렌지를 들고 엄마에게 뛰어와 '우후, 우후, 우후' 하며 구아가 내는 소리를 냈습니다. 엄마의 기분이 어땠을까요? 평균적으로 19개월이 지나면 미국 아이들은 50개 이상의 단어를 습득하는데, 도널드는 고작 3개 단어 밖에 말하지 못했습니다. 이 시점에서 실험은 중단됐고, 구아는 동물원으로 돌아갑니다. 이 실험은 1933년《유인원과 아이 The Ape and the Child》라는 책으로 출간됩니다.

도널드의 부모가 아이에게 말을 가르치지 않아 그랬을까요? 그렇지 않았습니다. 그런데 두 돌도 안 된 아이는 부모가 쓰는 말보다 같이 어울리는 침팬지의 말을 먼저 배운 겁니다.

사실 이 실험은 요즘 부모님들이 걱정하시고 계신 것과 비슷한 면이 많습니다. 구아의 자리에 스마트폰이나 게임을 놓아둬도 이상하지 않을 만큼 잘 어울립니다. 그렇게 오랜 시간 노출되면 언어 발달이나 인성 발달에 영향을 주지 않을까 걱정하는 부분도 이 실험과 닮았습니다.

결론부터 말씀드리자면, 안심하셔도 됩니다. 이후 루디

《유인원과 아기》에 실린 구아와 도널드의 사진

벤저민Ludy Benjamin이라는 심리학자의 기록에 의하면, 도널드는 하버드 의대를 졸업했다고 합니다. 적어도 유년기의 경험이 평생에 영향을 준다는 프로이트의 이론은 이 실험에 정확히 들어맞지 않았습니다. 교수 아버지의 유전자 힘이 어릴 적 유인원의 영향을 능가했다고 생각하실 수도 있는데, 이후 진행된 다른 연구들은 그런 영향은 없었다고 입을 모읍니다.

어릴 때 이민을 온 아이들은 모국어보다 현지어에 더 능숙합니다. 부모는 여전히 서투른데 말입니다. 아이는 어떻게 현지어에 유창해졌을까요? 더 극단적인 경우도 있습니다. 부모 모두 말을 하지 못하는 부모를 가진 아이라면 언어 발달이 지체되거나 문제가 있을 거라 생각합니다. 그런데 그렇지 않습니다. 아이는 부모가 아니라 또래 아이들에게서 언어를 배웁니다. 아무 문제없이 또래와 어울리는 겁니다.

아이는 부모의 행동을 그냥 따라 하지 않습니다. 매우 신중하게 모방합니다. 아이는 부모가 다른 사회 구성원과 유사하거나 더 뛰어난 행동을 한다 생각이 들 때만 부모를 모방합니다. 아이가 생각할 때 '이 행동을 배워 친구에게 보여주면 폼이 나겠다'는 생각이 들 때만 따라 한다는 겁니다. 그런데 아쉽게도 그런 폼 나는 부모의 행동은 초등학교 무렵 동이 나고 맙니다. 그러니 학교에 갔다 온 아이들은 누구네 집 엄마, 아빠를 들먹이며 졸라대지요.

우리 아이들은 부모가 하는 게임이 아니라 또래들이 하는 게임을 합니다. 심지어 부모는 게임을 전혀 하지 않더라도 아이는 능숙하게 게임을 하지요. 그 게임 역시 또래들이 하는 게임입니다. 특히 또래 중에서 대장 역할을 하는 아이가 하는 게임을 합니다. 여러분의 자녀가 그 대장일 수도 있지요.

아이가 게임하는 모습을 보고 '아이가 게임에서 떨어지

지 않는다’ ‘아이가 휴대전화를 손에서 놓지 않으려고 한다’ 이렇게만 생각하는 건 너무 협소한 시각입니다. 문제 해결에 장애가 되는 시각입니다. 부모는 또래를 대신할 수도, 대신해서도 안 됩니다. 게임은 또래와 어울리거나 또래 경쟁에서 지위를 차지하는 중요한 수단일 수 있음을 명심하시기 바랍니다.

앞에서 언급한 실험을 가리키며 부모의 역할이 중요하지 않다고 말하려는 건 아닙니다. 부모가 아이를 잘 키우려면 부모만으로는 되지 않음을 분명히 보여준 실험으로 보는 편이 더 타당합니다.

부모의 힘만으로 아이의 습관을 바꾸어 놓으려는 시도는 불가능하거나 성공 확률이 낮습니다.《양육가설》을 쓴 심리학자 주디스 R. 해리스는 초등학교 시기부터 이런 현상이 강해진다고 주장합니다.

요약하면, 부모가 애써도 잘하지 못하는 일보다 부모가 잘할 수 있는 일에 집중하자는 겁니다. 그래야 부모 자녀 사이도 좋아지고, 아이도 밖에서 다른 아이들과 잘 어울릴 수 있습니다.

양육서가
알려주지 않는 진실

여기서 잠깐 제 이야기를 들려드립니다. 저는 큰아이가 태어나고 이듬해 심리학으로 박사 학위를 받았습니다. 그때 저는 자신감이 철철 넘쳐흘렀지요. 심리학에서 배운 이론을 우리 아이에게 적용하면 누구보다 훌륭한 아이를 키울 수 있을 거라 믿었습니다. 그런데 그 믿음이 깨어지는 데는 시간이 오래 걸리지 않았습니다.

독립적인 아이로 키우기 위해서는 일관된 규칙을 적용해 양육해야 한다고 배웠습니다. 그렇게 하려고 무던히 노력했습니다. 살펴봐도 딱히 아픈 데가 없고 분유 먹을 시간도 아닌데 아이가 울면 그칠 때까지 기다렸다가 안아준 적이 많았습니다. 우는 아이를 그때마다 달래주면 버릇이 잘 못 든다고 생각했기 때문이죠. 어떤 때는 우는 아이를 옆에서 지켜보며 2시간을 보낸 적도 있습니다.

지금 생각해보면 초보 아빠의 말도 안 되는 양육 방침이라는 생각이 들지만, 그때는 그게 아이를 위한 부모의 당연한 자세라고 생각했습니다. 몸과 마음의 컨디션이 좋았을 때는 일관된 양육 자세를 가지기 위해 노력했지만, 엄마도 아빠도 늘 컨디션이 좋을 수 없습니다. 사실 컨디션이 좋은 날은 잠깐이고, 컨디션이 별로인 날이 대부분이라 화를 내고 짜증내면서 아이를 키웠습니다. 교과서와 실전은 정말 다르구나 생각하면서 말입니다.

이어 동생들이 태어나고 자라면서 큰아이가 학교에 들어갔습니다. 이때 저는 또 다른 경험을 하게 됩니다. 흔히 '나 전달법I-massage'이라고 알려진 대화법을 시도했는데, 교과서처럼 반응이 나오지 않더군요. 그나마 딸은 조금 비슷하게 되는데 아들의 경우에는 전혀 반응이 달랐습니다. 예를 들어 초등학교 3학년 아이와의 대화는 이렇습니다.

아빠: 게임에만 매달리는 모습을 보고 있으니 숙제를 제대로 해갈 수 있을지 불안하네.

아들: (아빠를 힐끗 보며) 괜찮아, 다 할 수 있어.

아빠: (다시 심호흡하고) 네가 지난주에도 똑같은 말을 했는데 숙제를 못 해 가서……

아들: 알았어! 알았다니까. 그만해!

이쯤 되면 아이에게 뭘 이야기하려 했는지도 잊고 화부터 납니다. 큰소리가 나거나 큰소리를 내지 않더라도 이미 얼굴은 울그락불그락합니다. 심리학을 배운 전공자도 이게 어려운데 양육서에 나온 몇 마디 지침으로 이게 정녕 가능한 일일까 싶습니다.

그렇게 학위를 받고 10년쯤 흘렀을 때 '내가 모르고 있다는 사실을 몰랐구나' 하는 깨달음이 들었습니다. '지식착각'이었습니다. 그리고 심리학 교과서를 다시 보니 아이를 키우는 데 도움이 되는 지식은 맞지만, 정작 중요한 설명이 빠져 있음을 발견합니다.

양육은 그냥 하면 되는 것이 아니라 수많은 준비 과정이 필요하고, 지침에 맞는 상황이 따로 있는데 이를 자세히 다룬 경우는 매우 드뭅니다. 설령 그런 내용이 있다 하더라도 그 지침이 우리 집 상황에 적용될 수 있을지는 보장할 수 없는 것이지요. 더군다나 아이들의 성격과 취향이 제각각 다른데, 이를 고려하지 않고 좋은 효과만 기다리는 건 기적을 기다리는 것과 비슷하다는 생각이 들었습니다.

결정적인 문제는 따로 있었습니다. 교과서나 양육서의 연구들은 대부분 스마트폰이나 게임이 확산되기 이전의 연구가 대부분입니다. 지금과 환경이 달랐습니다. 요즘 환경에 맞는 연구는 이제 막 시작됐고, 뚜렷한 결론을 내기에는 시간이 부족합니다. 나온 지 20년도 더 된 이론들이 요즘도 인터넷이나 TV를 통해 전달되는 모습을 보며 착잡한 마음이 들기도 했습니다.

'배달의 민족' 같은 기업은 직접 식당을 운영하거나 재료를 유통하지 않지만, 이를 통해 많은 사람이 음식을 주문합니다. 페이스북은 단 하나의 뉴스나 정보도 만들어내지 않지만, 전 세계 사람들이 이곳에서 뉴스와 정보를 접합니다. 인터넷과 스마트폰이 만들어낸 변화입니다.

우리 아이가 나중에 식당을 차려 성공하기를 바라거나 뉴스를 써내는 기자가 되기를 바라는 건 제가 젊었던 시절의 성공 모델이었을 겁니다. 물론 그것도 지금의 아이가 원한다면 좋은 모델일 수 있습니다. 하지만 부모가 한사코 과거의 모델을 지금 우리 아이에게 바라고 있는 건 아닌지 자문해봅니다.

시대가 바뀌면 인재상도 바뀌는 법입니다. 4차 산업혁명 시대에 필요한 인재는 과거 제조업 중심이나 농업 사회의 인재상과 다릅니다. 스마트폰과 게임이 대중화되지 않았던 과거의 기준으로 우리 아이를 지도하는 건 바람직하지 않습니다. 과거의 기준으로 보면 적당히 게임을 하는 게 바람직합니다. 그런데 게임을 잘하는 건 지금 기준에 맞습니다.

게임 산업은 날로 성장해 인재를 영입하기에 여념이 없습니다. 게임 안에서 선거 운동을 하고, 명품을 팔며, 자동차를 광고하고, 콘서트를 여는 시대입니다. 거의 모든 것이 게임 속으로 모여들고 있는 추세를 볼 때 게임은 더더욱 지금 기준에 적합합니다.

게임이나 SNS, 유튜브, 스마트스피커 같은 첨단기술이 어린아이에게 허용되는 것은 인류 역사상 초유의 일입니다. 지금까지 첨단기술은 어른의 영역이었고, 교육을 통해 아이에게 전달되는 것이 일반적이었습니다. 그런데 첨단기술이 이런 흐름을 역전시켰습니다. 오히려 첨단기술은 아이에게 물어보는 편이 훨씬 더 빠를 때가 많습니다. 부모가 아이에게 배우는 시대가 된 것입니다.

게임 전문기자를 오랫동안 해온 지인의 말이 떠오릅니다. 자신의 오랜 경험과 안목으로 볼 때 성공하기 어려워 보이는 게임이 있었습니다. 그런데 그 게임을 초등학생 자녀가 하고 있는 것을 보면서 대수롭지 않게 여겼다고 합니다. 그 후 그 게임은 구글 매출 2위까지 올라가는 대성공을 거둡니다. 게임의 이름은 '쿠키런 킹덤'이었습니다. 이 게임의 성공으로 개발사의 주가는 2021년 1월 대비 10배 가까이 폭등하기도 했습니다. 제 지인은 '경험이 많다고 올바른 판단을 내리는 것은 아니구나' 생각이 들었다고 합니다. 아이들이 많이 하는 게임을 보고 미리 주식이나 살걸 하는 후회와 함께 말입니다.

'교학상장教學相長'이라는 말이 있습니다. 배우고 가르치며 서로 성장한다는 의미로, 중국의 경전《예기》에 나오는 구절입니다. 아이를 올바로 기르는 방법으로 부모가 아이에게 배우는 쪽이 나을 수도 있습니다. 부모가 아이에게 배우면 아이는 가르치면서 동시에 성장하게 되니, 새로운 시대에 맞는 전략일 수 있습니다. 이 전략은 4차 산업혁명 시대에 부모와 자녀 관계를 새로 정립해가는 저의 가족 철학이기도 합니다.

우리 아이는
어떤 유형의 게이머일까

누군가가 있는 그대로의 나를 관심 갖고 알아봐주는 건 항상 기분 좋은 일입니다. 인정받는 느낌, 존중받는 느낌을 갖기 때문입니다. 이런 관계에 있는 사람들은 진솔한 소통이 가능한 친구가 됩니다.

반면 누군가가 어떤 기준을 갖고 내 행동을 감독하고 평가하면 기분이 좋지 않습니다. 이런 상황에서는 남녀노소를 불문하고 방어적인 말과 행동으로 대응하게 됩니다. 속마음을 솔직하게 말하기보다는 감추거나 상대를 공격해 자신을 방어하고자 합니다.

우리 아이가 진취적이고 적극적인 인재로 성장하기를

바라지 않는 부모는 없을 겁니다. 아이의 사소한 행동까지 감시하고 관리하려는 부모의 태도는 아이를 소통의 대상으로 인정하지 않는 것과 마찬가지입니다. 자꾸만 더 적대적인 자세를 취하도록 만드는지도 모릅니다.

다시 게임하는 아이의 상황으로 돌아가봅시다. 약속한 시간대로 게임을 하는가, 숙제는 제대로 했는가와 같은 부모의 관심은 아이에게 감독을 받는다는 느낌을 줄 가능성이 높습니다.

어떻게 하면 게임하는 아이에게 존중하는 느낌을 줄 수 있을까요? 가장 먼저 아이들이 게임 속에서 어떤 유형의 게이머인지, 게임을 통해 어떤 것을 얻기 바라는지 알아봐야 합니다. 그게 가장 좋은 출발점입니다.

영국의 게임학자 리처드 바틀Richard Bartle은 게임을 즐기는 스타일에 따라 '성취형' '모험형' '킬러형' '사교형'의 4가지 유형으로 게이머를 구분했습니다.

먼저 성취형achiever은 게임 속의 포인트나 레벨 같은 목표를 이루는 과정에서 재미를 느끼는 유형입니다. 이런 게이머들은 게임 속에서 가장 높은 레벨에 먼저 도달하는 것을 중요하게 여기거나, 세트 아이템을 하나도 빠짐없이 구

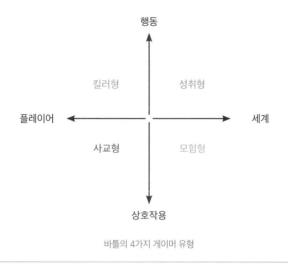

바틀의 4가지 게이머 유형

비하는 행동을 지향합니다. 목표 달성을 위해 게임 속에서는 늘 바쁘지요. 목표가 얼마나 남았는지를 자주 체크합니다. 아이가 "다음 레벨까지 10점 남았어!" 같은 말을 자주 한다면 성취형에 가까운 게이머로 분류해도 무방합니다.

두 번째 '모험형explorer'은 게임 속 세상을 샅샅이 뒤져보는 걸 좋아합니다. 이들은 주로 평범한 게이머들은 모르는 게임 속 장소를 발견하거나 혹은 가지 못하도록 막아놓은 곳을 탐험하기 좋아합니다. 이 과정에서 발견한 게임 상의 오류(버그)를 이용해 남들이 생각지 못한 기발한 플레이를 즐기며, 이런 플레이를 남에게 알려주는 데서 기쁨을 느낍니다. 현실 탐험가와 크게 다르지 않은 유형입니다.

세 번째 '사교형socializers'은 다른 게이머들과 소통하고 공감하는 것을 즐기는 유형입니다. 게임이 좋아서라기보다는 게임을 통해 마음에 맞는 사람을 만나고, 그들과 이야기를 주고받는 데서 재미를 느낍니다. 주로 농담이 대부분이지만, 때때로 중요한 문제에 대한 정보나 도움을 주고받기도 합니다. 게임을 하고 있는데 한순간도 말을 멈추지 않거나, 타이핑 소리가 그치질 않는다면 마당발, 사교형 게이머가 분명합니다.

마지막으로 '킬러형killers'이 있습니다. 이들은 대결에서 승리를 가장 중요하게 생각하는 유형입니다. 이를 통해 다른 게이머보다 우월함을 느끼고자 하며, 다른 사람이 항복하거나 자신의 실력을 알아봐주는 데서 만족을 느낍니다. 당연히 게임 속에서 적이 많지요. 많은 상대가 자신을 노리고 몰려오는 것을 즐기는 유형입니다. "다 덤벼. 내가 질 것 같아?" "실력도 없는 것들이 나한테 덤비고 있어." 이런 말을 자주 하는 아이라면 킬러형 게이머라고 할 수 있습니다.

2017년 국내 대학생을 대상으로 한 연구[42]에 의하면, 바틀의 게이머 분류 중 가장 많은 유형은 모험형으로 35%나 됐습니다. 다음으로 성취형 32%, 사교형 29%, 킬러형이 4%

로 나타났습니다. 게임을 하는 겉모습만 보고 판단하기보다는 게임 속에서 우리 아이가 어떤 활동을 하는지 파악하는 게 효과적인 소통과 생활 지도에 도움이 됩니다.

게임을 가장 열심히 하는 저희 막내는 모험형과 사교형의 중간 정도 되는 듯합니다. 특히 게임 '리그오브레전드'를 열심히 하는데 레벨은 중간에 해당하는 실버 수준입니다. 레벨 상승에 목숨을 걸지는 않는데, 게임을 할 때 음성채팅을 사용해 다른 친구들과 떠들썩하게 게임하는 것을 좋아합니다. 자신이 개척한 방법을 친구들에게 가르쳐주는 재미도 적잖이 느끼는 듯합니다.

막내아이에게 게임은 친구들과 노는 놀이터입니다. 간혹 게임 시간이 길어져 게임을 중단시켜야 할 때 저는 아이들을 놀이터에서 불러올 때와 같은 방식으로 의사를 전달합니다.

"지금 게임에 누구누구 있니?" "성회야(친구 이름), 오늘은 그만하자. 다음에 또 놀자." 헤드셋 마이크에 대고 이렇게 말합니다. 그러면 아이 친구가 대답합니다. "예!" 그러면 아이에게 직접 게임을 그만하라고 말하는 것보다 훨씬 더 기분 좋고 부드럽게 게임을 마칠 수 있습니다. 적어도 저희 집에서는 그랬습니다.

게임 시대의 핫플레이스,
대한민국

역사적으로 보면 아주 흥미로운 현상 하나를 발견할 수 있습니다. 역사를 바꾼 천재들이 특정 시점, 특정 지역에서 집중적으로 나타났다는 점입니다. 르네상스를 대표하는 레오나르도 다 빈치, 라파엘로, 보티첼리, 미켈란젤로 같은 천재 예술가들은 15~16세기 이탈리아 피렌체라는 도시에서 태어나고 활동했습니다. 무슨 이유일까요? 천재들이 집중적으로 나타날 수 있었던 이유 중 하나는 이들의 재능을 알아보고 적극적으로 후원한 가문이 있었기 때문입니다.

모차르트, 베토벤 같은 위대한 고전음악 작곡가들은 18세기 오스트리아 빈을 중심으로 태어나 활동했고, 19세기 프랑스 파리는 마네, 모네, 세잔, 고흐 같은 천재 인상파 화가들이 모여 활동하던 곳이었습니다. 20세기로 넘어와 미국 서부 실리콘밸리에서 1955년 동갑내기 스티브 잡스와 빌 게이츠가 혁신을 이끌었습니다. 브라질에서는 20세기 후반 펠레, 호나우도, 호나우지뉴 같은 축구 천재들이 쏟아져 나왔습니다.

이런 현상은 국내에서도 관찰됩니다. 네이버의 이해진, 넥슨의 김정주, 엔씨소프트의 김택진, 카카오의 김범수 등 국내 IT 벤처를 성공시킨 인물들은 1966~1968년 사이에 태어나 같은 학교를 나왔다는 공통점을 갖습니다. 스포츠에서는 박세리, 김미현 등 1977년 동갑내기들이 여자골프 바닥을 휩쓸었지요.

저널리스트 데니얼 코일Daniel Coyle은 책《탤런트 코드》에서 '핫스팟hotspot'이라는 개념을 설명합니다. 핫스팟은 특정 시기 재능 있는 인재를 발견하고 훈련시켜 폭발적으로 성장시키는 후원자나 제도, 시설 같은 환경의 공통점을 지니고 있는 곳입니다.

메디치 가문은 르네상스 예술가들에게 활동할 수 있는 공간과 자금을 제공하는 것은 물론 피렌체를 넘어 다른 지역에서도 활동할 수 있게 타 지역 유력가들까지 소개해주었습니다. 예술가들이 열정을 불태울 수 있는 기반이 있었던 겁니다. 수많은 천재들이 서로 경쟁하고 협력하며 능력을 최고로 끌어올릴 수 있었던 배경이 되기도 했습니다.

브라질 축구도 비슷합니다. 브라질의 천재 축구 선수와 풋살은 밀접한 관련이 있다고 합니다. 풋살은 1930년대 우루과이에서 비가 내릴 때 훈련을 할 수 있는 방법으로 개발됐다고 전해집니다. 풋살이 브라질로 넘어온 후, 관련 규칙이 제정되고 빠르게 확산됩니다. 펠레를 비롯해 지금 활약하고 있는 브라질 출신 선수들은 어렸을 때부터 풋살장에서 많은 시간을 보냈다고 합니다.

좁은 공간에서 빠르게 공을 다뤄야 하는 풋살 경기는 다양한 축구 기술을 만들어냈습니다. 축구공을 요요처럼 다루는 많은 동작들이 풋살에서 비롯됐다고 합니다. 축구 외에는 성공하기 어려운 여건 속에 있었다는 점도 동기를 불태우는 배경이었습니다. 그런 환경에서 먼저 나온 천재는 다른 재능 있는 사람들에게 자극이 되고, 서로의 재능을 함께 끌어올리는 역할을 하게 됩니다.

페이커Faker, 쇼메이커ShowMaker, 캐니언Canyon처럼 전 세계 게임 팬의 눈을 사로잡는 게임 선수들은 1996년에서 2001년 사이에 우리나라에서 태어났습니다. 이들의 뒤를 잇는 어린 신예들이 놀라운 기량을 보이고 있다는 점에서 뛰어난 프로게이머의 탄생은 아직 진행 중이라고 보는 쪽이 맞을 듯합니다. 그런데 이들이 뛰어난 게임 실력을 보유하게 된 배경을 살펴보면 르네상스 천재 예술가나 브라질 축구와 닮은 점이 많습니다.

우리나라는 국토가 좁아 일찍부터 전국에 초고속인터넷망이 깔렸습니다. 그러한 인프라를 바탕으로 동네마다 최고 사양의 PC방이 발달했지요. 게임을 좋아하는 전 세계 사람들은 한국인을 '게임 종족'이라고 부릅니다. 세계 주요 게임 대회에서 한국 게이머가 자주 우승을 하고, 한국 게이머가 포함되지 않은 팀이 우승을 하는 건 오히려 드문 일이기 때문입니다.

한국인이 게임을 잘하는 이유로 공통적으로 꼽는 것은 최고 시설의 PC방입니다. 스포츠로 따지면 국가대표 선수촌 같은 시설이 동네마다 수십 개씩 있는 것이죠. 그러니 한국을 당해낼 재간이 없다고 합니다. 브라질의 풋살 경기장과 같은 역할입니다.

PC방은 좁은 공간에서 게임을 하기 위해 수많은 사람이 모인 공간입니다. 게임에만 집중하기에 좋은 환경이죠. 옆자리에 앉은 상대와 경쟁심을 불태우기에도 좋은 공간입니다. 이런 공간에서 누군가가 놀라운 실력을 발휘하면 '젠장 효과holy shit effect'가 발동합니다. '젠장 효과'는 승부에서 진 사람이 상대에 대해 느끼는 불신, 선망, 시기와 같은 감정이 혼합되는 현상입니다. 이 감정을 느끼는 사람들에게서는 놀라운 집중력이 발휘됩니다.

도시가 발달한 우리나라는 밖에서 뛰어놀 만한 공간도 충분치 않습니다. 학교와 학원을 병행해야 하는 아이들은 같이 놀 친구나 시간도 넉넉지 않습니다. 이런 환경에서 PC 방은 잠깐 동안 친구들과 어울려 놀 수 있는 최선의 장소가 됐습니다. 어찌 보면 세계 최고의 게임 시설을 자기 집 드나들 듯 이용할 수 있는 우리 아이들이 행운아일 수도 있겠습니다.

부모님 중에는 '공부에도 젠장 효과가 생기면 좋겠네' 생각하는 분들도 계시리라 생각됩니다. 가망 없는 얘기는 아닙니다. 심리학자 미하이 칙센미하이Mihaly Csikszentmihalyi 는 '몰입flow 이론'으로 유명합니다. 그의 견해에 의하면, 무언가에 푹 빠져 있는 몰입 행위는 '자기목적적 경험autotelic experience', 즉 다른 무언가를 위한 목적이 아니라 그 자체가 재미있어서 빠져드는 경험으로 설명됩니다.

게임에 빠져드는 것은 자기목적적 경험의 대표적인 사

례입니다. 자기목적적 경험에 빠져드는 사람은 그렇지 않은 사람보다 어떤 분야의 전문가가 될 수 있는 자질이 큽니다. 즉 게임에 푹 빠져본 경험이 있다면 자신이 좋아하는 다른 분야에도 푹 빠져 최고의 전문가가 될 수 있는 가능성이 높다는 뜻입니다. '(한 분야의) 고수는 (다른 분야의) 고수를 알아본다'는 말이 이런 뜻이 아닌가 생각합니다.

성장기의 아이는 아직 그런 분야를 많이 접해보지 않아 주로 게임을 하면서 미래의 전문 분야를 만날 준비를 하고 있는지도 모르겠습니다. 게임 고수인 우리 아이가 다른 분야의 진짜 고수를 아직 만날 기회가 없었는지도 모르지요.

게임세대 우리 아이,
부모의 태도가 바꾼다

'가는 말이 고와야 오는 말이 곱다'라는 속담이 있습니다. 이 속담에 대해서는 다들 공감하지만, 결정적으로 누가 먼저 고운 말을 하는가에 대해서는 공감대가 아직 생기지 않은 듯합니다. '네가 먼저 고운 말을 하면, 나도 기꺼이 고운 말을 하겠다'는 자세지요.

서로 이렇게 생각하니 고운 말이 오가기는커녕 아무 말도 없이 쌩한 냉기만 돌게 됩니다. 특히 부모와 자녀 관계에서 이런 상황이 연출되는 건 바람직하지 않습니다. 주로 부모들은 "네가 공부를 열심히 하면…" "네가 게임만 좀 덜하면…" "그러면 해달라는 거 다 해줄 텐데 참 속상하다" 같은 방식으로 말씀을 하시죠.

내가 먼저 고운 말을 하면 상대방도 거기에 맞추어 대응하기 마련입니다. 단지 한 번의 시도로 극적인 변화가 일어날 것이라는 기대만 없다면 충분히 가능합니다. 열 번 찍어 안 넘어가는 나무 없다는 정신이 필요합니다. 이런 점에서 나이 어린 아이들이 먼저 변하기를 바라기보다 경험 많은 부모가 먼저 변하는 쪽이 가장 효과적이며 현실적인 전략이 됩니다.

'피그말리온 효과pygmalion effect'는 대인 관계에서 교사의 행동(기대)이 학생들의 극적인 변화를 이끈 현상을 잘 설명해줍니다. 1964년 미국의 교육심리학자 로버트 로젠탈Robert Rosenthal은 샌프란시스코의 한 초등학교 학생을 대상으로 지능검사를 실시합니다. 그리고 20%의 학생을 무작위로 뽑아 그 결과를 교사에게 주면서 '지적 능력이나 학업 성취 능력이 높은 학생'임을 알려줍니다.

8개월 후 똑같은 학생들의 지능검사를 다시 실시해보니 지능점수는 물론 성적 역시 크게 향상된 결과가 나왔습니다. 선생님의 기대와 격려가 성적에 영향을 준 것입니다. 실제로 선생님의 기대를 받은 학생들에게는 오답을 내더라도 한 번 더 기회를 주며 충분히 기다려준 반면, 다른 학생들에게는 기회나 충분한 시간을 주지 않은 차이가 이런 결과를 이끌었다고 학자들은 해석합니다.

그리고 추후 연구에서 더 중요한 사실이 밝혀졌습니다. 단지 교사가 긍정적인 말로 반응한다고 해서 학생의 성취도가 올라가지는 않는다는 것입니다. 실제로 학생들이 발전할 거라고 믿지 않는 교사가 말로만 칭찬한 경우에는 오히려 역효과가 났다고 합니다.

한 연구[43]에 의하면, 학습장애가 있다고 여긴 학생들에게 말로는 칭찬을 하지만 동시에 실망스러운 표정이나 몸짓 같은 비언어적 반응을 보임으로써 오히려 "사실 기대도 안 했어"라는 신호를 보낸 겁니다.

나는 네가 좋다고 말하면서 싫은 표정을 할 때 무엇이 진실인지는 말을 못 하는 아기들도 알아챈다고 합니다. 하물며 작은 움직임에도 기가 막히게 반응하는 게임 고수 우리 아이들은 더 말할 것도 없겠죠. 마음에 없는 칭찬은 고래를 춤추게 하지 못하고, 오히려 더 우울하게 만들 수 있다는 점 꼭 기억하시기 바랍니다.

사람의 마음이 그렇게 쉽게 바뀌지 않습니다. 아직 마음이 긍정적으로 바뀌지는 않았지만, 무언가 좋은 영향을 줄 수 있는 방법은 없을까요? 이와 관련된 재미있는 실험 하나를 소개합니다. 하버드대학교 심리학과 엘렌 랭어Ellen Langer 교수팀은 우리가 일상적으로 하는 일도 마음속으로 운동이라고 생각하면 실제 운동 여부와 상관없이 운동을 한 것처럼 살을 빠지게 한다는 연구 결과를 발표했습니다.[44]

연구팀은 별도로 운동을 하지 않지만 하루 평균 15개의 방을 청소하는 호텔 미화원 84명을 대상으로 실험을 실시했습니다. 실험집단 44명에게는 "여러분이 하는 일이 건강을 위해 매일 30분씩 운동하는 것과 같은 효과를 지닌다"고 알려줬습니다. 그리고 청소기를 돌리거나 화장실을 청소하는 일이 몇 칼로리를 소모하게 만드는지 더 구체적인 정보를 주었습니다. 반면 다른 3개 호텔에서 일하는 40명의 통제집단에게는 아무 정보도 주지 않았습니다.

4주 뒤 두 집단을 비교했더니 체중에서 상당한 차이가 나타났습니다. 자신이 하는 일이 운동이라고 인식한 실험집단의 여성들은 평균 0.9kg의 체중이 빠지고 체지방이 줄었으며 혈압도 떨어졌습니다. 그러나 아무 정보를 받지 못한 통제집단은 큰 변화가 없었습니다. 자신이 하고 있는 행동을 어떻게 인식하는가에 따라 실제 효과가 달라질 수 있음을 보여주는 사례입니다.

게임을 즐기는 우리 아이에게 이 실험을 적용해보겠습니다. 똑같은 게임을 하고 있더라도 '정신 못 차리고 게임에만 빠진 녀석'이라 부르지 말고 '게임을 하면 경쟁심과 협동심이 길러지고 도전 정신도 커진다. 그래서 요즘 회사에서는 게임 잘하는 사람을 선호한다'와 같은 정보를 주는 겁니다. 2020년 4월 SK하이닉스에서 구인광고를 할 때 적용한 방법이기도 합니다.

이 책에서 보고 들은 게임시장 상황이나 게임의 가능성을 아이에게 전해줄 수 있다면 아이의 생각도 달라질 수 있습니다. 무의미하게 게임에 빠져 살기보다 무언가 의미를 발견하고 자아상을 긍정적으로 만드는 계기로 게임을 활용할 수 있습니다.

아이들이 게임에만 빠져 자칫 폐인이 되는 것은 아닌가 많은 부모가 우려하지요. 이런 걱정을 줄여줄 만한 사례 두 가지를 소개합니다.

첫 번째 사례는 게임 캠프에서 있었던 일입니다. 2020년 12월 서울 모 대학에서 고등학생을 대상으로 e스포츠 캠프를 개최했습니다. 두 개의 고등학교가 캠프에 참여했는데, 참여자들은 게임에만 관심이 있고 학교생활에는 크게 관심이 없는 학생들이 대부분이었습니다.

캠프에서는 게임과 관련해 어떤 진로가 있는지 교육이 이루어졌고, 게임아카데미 코치로부터 실제 강습을 받으며 팀을 짜서 게임 경기를 하는 프로그램도 진행됐습니다. 1박 2일의 캠프가 종료된 후 참여했던 선생님의 말씀이 인상적이었습니다.

"자기가 좋아하고 잘하는 것의 가능성을 발견하니 자기들끼리 알아서 연습하고, 따로 알려주지 않아도 시간 맞춰 들어오는 모습을 보였다. 나는 아이들의 이런 모습을 처음 봤다." 교육의 놀라운 효과를 체험했다는 얘기였습니다.

두 번째 사례는 2020년 3월 MBC 프로그램 〈공부가 머니?〉에서 방송된 이야기입니다. 아버지가 변호사이고 어머니가 교수인 집이 있는데, 중학생 막내아들이 공부는 제쳐두고 게임에만 열심이었습니다. 막내아들의 꿈은 게임방송 크리에이터였지요. 부모는 큰 결심을 하고 아이가 하고 싶어 하는 것을 시켜주기로 합니다. 프로게이머를 육성하는 게임 학원에 등록시켜 준 겁니다.

게임 수업을 지켜본 아버지는 "처음으로 아이가 안 빠지고 다니는 학원이 생겼다"고 말했습니다. 그리고 "게임을 통해 배려심과 협업 능력을 배울 수 있음을 확인했다. 나에게는 놀라운 경험이었다"는 이야기도 덧붙였죠.

부모가 아이에게 신뢰와 지지를 보내주면, 아이도 부모에게 똑같은 신뢰로 답합니다. 그게 인간사의 기본 원리입니다. 이 원리는 게임에서도 예외가 될 수 없습니다.

게임세대의 지혜로운 부모,
무엇을 준비해야 하나

언제부터인가 '융합 시대'라는 말이 자주 들립니다. 하나의 전공만으로 문제 해결이나 뛰어난 성취를 거두기 어려운 시대로 바뀌었다는 사실에는 대부분 동의합니다. 뛰어난 인공지능을 개발하기 위해서는 공학자뿐만 아니라 수학, 철학, 심리학, 언어학, 신경과학 등의 분야 전문가들이 모여 팀을 꾸리는 것이 보편적인 방법입니다. 그럼 게임을 잘하는 전문가나 게임을 제작할 줄 아는 전문가는 이런 팀에 필요가 없을까요?

반대로 게임 전문가가 절대 필요하다는 게 전문가들의 생각입니다. 기술이 고도화하면서 더 필요한 영역이 게임입니다. 앞에서도 언급했지만, 반도체 개발이나 자율주행차 개발, 심지어 호텔 운영이나 아이돌 그룹 소속사에서도 게임 전문가를 필요로 합니다. 게임개발자와 게임을 잘하는 사람들을 뽑기 시작한 겁니다. 게임을 통해 아이들이 미래 전문가로 진출할 수 있는 길이 점점 넓어지고 있습니다.

아이의 가능성을 발견하고, 이 가능성을 실현시킬 수 있도록 돕는 사람을 후원자 혹은 멘토라고 부릅니다. 부모는 내 아이에게 최초이자 최고의 멘토입니다. 좋은 멘토가 되려면 지식과 지혜를 겸비해야 합니다.

다시 한 번 말씀드리지만, 게임에 대해 지금보다 더 자세히 아실 필요가 있습니다. 게임이 아이에게 어떤 영향을 미치고 있으며, 아이가 게임을 어떻게 받아들이고 있는지 말입니다. 지식은 불필요한 불안을 줄이고 활용이나 문제 해결에 대한 자신감을 높여줍니다.

그보다 더 중요한 것은 아이가 관심 있어 하는 것에 대해 알아보는 것입니다. 아이와의 소통을 위한 기본 태도입니다. 아이들이 엄마와 키가 비슷해질 무렵이 되면 "엄마는 알지도 못하면서…" 같은 말을 종종 하게 됩니다. "엄마가 왜 몰라? 엄마도 옛날에 다 해봤어" 혹은 "어디서 배운 말버릇이야?" 하며 눈을 부라려봤자 언성만 높아지고 언짢은 기분만 남습니다.

그래서 차라리 "그래? 그럼 엄마는 모르니까 네가 좀 가르쳐줄래?" 이런 반응을 권합니다. 그러면 대부분 몇 마디를 더 이어 나갈 수는 있습니다. 말이 막힐 때쯤 아이가 "됐어!" 하며 마무리되기는 하죠. 가장 효과적인 방법이라고 말할 수는 없지만 나쁜 기분이 오래가지 않게 마무리하는 데는 나쁘지 않은 방법입니다.

사실 제가 후자로 선택한 방법은 지식이라기보다 지혜에 가깝습니다. 지혜는 지식을 포함하는 더 넓은 개념입니다. 사전에 의하면, 지혜는 지식에 통찰과 분별력이라는 요소가 추가된 개념입니다. 지식이 도구라면, 지혜는 이 도구를 목적에 맞게 적절하게 쓰는가와 관련되어 있습니다. 똑같은 지식을 갖고 있더라도 지혜의 수준에 따라 지식의 활용 범위와 잠재력의 차이가 생깁니다.

올림픽에서 금메달 23개를 딴 선수 마이클 펠프스Michael Fred Phelps는 어렸을 때 주의력 결핍 및 과잉행동장애ADHD를 진단받기도 했습니다. 부주의해 실수가 잦고, 잠시도 가만히 있지 못했기 때문입니다. 그런데 ADHD를 가진 이들에게는 장점이 있습니다. 보통 사람보다 에너지가 훨씬 많다는 점입니다. 그래서 그의 어머니는 현명한 결정을 합니다. 아들이 가진 엄청난 에너지를 수영으로 연결시킵니다. ADHD 환자라는 꼬리표를 달고 평생 다른 사람과 마찰을 빚거나 주눅 들어 살 수 있었던 그를 수영 황제로 만든 것은 어머니의 지혜로움이었습니다.

최근 자폐증이나 ADHD와 같은 정신장애를 신경다양성 neurodiversity이라는 시각으로 보자는 캠페인이 펼쳐지고 있습니다. 얼굴이 제각각이고 성격이 다 다르듯 우리 아이가 다른 아이와 다른 신경을 갖고 있으니, 이를 독특성으로 보자는 주장입니다. 이러한 독특성을 병으로 인식해 고치기보다는 살려내는 방향을 모색해 성공한 사례들도 나타나고 있습니다.

마이크로소프트, 휴렛팩커드 같은 기업은 자폐증을 가진 사람을 따로 선발해 채용하고 있습니다. 복지 차원이 아닙니다. 이들의 재능이 필요해서 선발한 것입니다. 코딩의 오류를 찾아내는 작업은 매우 지루하다고 합니다. 그런데 이들은 이 작업을 오랫동안 지속해도 지루해하거나 쉽게 지치지 않습니다. 이렇게 월급을 받는 것에 대해서도 자부심을 느낍니다. 내가 가진 재능으로 돈을 번다고 생각하기 때문이죠.

정부기관의 조사를 보면, 게임을 심각하게 하는 청소년의 비율이 대략 1% 안팎으로 나옵니다. 이들을 게임중독자로 보고 치료하는 것이 최선인지, 개별적 특성으로 보고 게임 영재로 키울 것인지 신중하게 생각해야 합니다. 대부분의 아이들은 게임중독과 거리가 있습니다. 물론 게임중독을 걱정하는 부모의 마음은 이해가 갑니다. 하지만 걱정만으로는 부족합니다.

애니메이션 〈겨울왕국〉에서 주인공 엘사가 부르는 노래 '렛잇고'에 이런 가사가 있습니다. "이렇게 조금만 멀리 있어도 모든 게 작게 보이다니, 우습구나! 한때 나를 지배했던 두려움이 이제 나에게 접근할 수조차 없잖아!"[45] 저는 게임 문제를 조금 더 멀리에서 바라보는 것만으로도 큰 변화를 이끌 수 있다고 생각합니다.

게임과 관련된 마찰들을 단순히 게임의 문제로 볼 것인가, 생활습관으로 볼 것인가, 컴퓨터나 와이파이 사용을 막는 등의 기술로 해결할 것인가, 아니면 아이의 정체성을 자극해 해결할 것인가? 정해진 답은 없다고 생각합니다. 그러나 해결 방법이 하나가 아니라 여러 개라는 사실은 조급함을 줄여주는 대신 지혜를 발휘할 수 있는 넓은 사고의 공간을 제공해줍니다.

4부

게임세대 아이와 소통하기

원활한 소통을 위한
부모 점검

우리말의 '소통疏通'은 '막힌 것을 뚫는다'라는 의미를 갖습니다. 영어의 '소통communication'이라는 단어는 '나누다'라는 뜻에서 나왔다고 합니다. '막힌 것을 뚫어 서로 나눈다'는 의미가 동서양에서 소통의 핵심적인 의미로 사용되고 있는 듯합니다. 자녀와 대화를 많이 나누면 마음이 서로 통해 갈등이 줄어들고 사랑이 커져가야 하는데 실상은 반대로 흘러가는 경우가 적지 않습니다. 왜 그럴까요?

첫 번째는 일방적인 지시, 비판, 한탄을 대화라고 착각하기 때문입니다. 대화는 주고받아야 하는 것인데 이런 유형의 말은 일방적으로 쏟아붓는 소나기와 같습니다. 질문을 하는 경우에도 궁금해서라기보다 이미 답이 정해져 있는 것을 묻는 경우가 적지 않습니다. "알았어? 몰랐어?" "그게 잘한 거야?" "너 저번에 뭐라고 약속했어?" "도대체 무슨 생각을 하고 사는 거니?" 이런 유형은 껍데기만 질문인 것이나 마찬가지죠.

이때 아이들은 마음을 열어 부모와 교류하고 공감대를 형성하기보다는 일단 피하고 보자는 식으로 방어합니다. 그렇게 한바탕 소동이 진정된 후에 아이의 기억 속에는 엄마의 자세한 얘기 대신 '엄마 또 화났네'라는 건조한 경험이 하나 더 추가되는 것이 보통입니다.

두 번째, '옳은 말'을 하면 받아들일 거라는 착각입니다. 대체로 부모 말은 틀린 게 없습니다. 다 도움이 되는 말인데 아이들은 잔소리라고 생각하며 귓등으로 흘려듣습니다. 그래서 똑같은 말을 매번 반복하게 됩니다.

여기서 중요한 것은 옳은 말의 내용이 아니라 의도입니다. 부모의 말이 옳다고 생각하더라도 나를 통제하려고 저런 말을 한다고 생각하면 통제하려고 했던 아이의 행동만 오히려 더 견고해질 뿐이라고 학자들은 말합니다.[46] 백신이 바이러스에 대해 면역력을 강화시켜주듯, 잔소리 즉 부모의 옳은 말에 대한 저항만 강화될 뿐이며 변화 가능성은 그만큼 멀어지게 됩니다.

결국 사람을 바꾸는 말은 '옳은 말'이 아닙니다. 자신의 편에서 나의 말에 귀 기울여 주고 존중해주는 '공감의 말'이 더 큰 효과를 줍니다. 이미 많은 연구[47]를 통해 증명된 사실입니다.

세 번째, 대화를 통해 아이가 부모의 마음을 알아주었으면 하는데, 정작 부모의 마음이 무엇인지 부모 자신도 모르고 있는 경우가 적지 않습니다. 감정은 마음을 종합적으로 표현하고 전달하는 수단입니다. 감정은 크게 1차 감정과 1차 감정이 변해서 생긴 2차 감정이라는 단계로 구분할 수 있습니다.

예를 들면, 게임 시간을 지키지 않은 아이에 대한 1차 감정은 '실망'이나 '서운함'입니다. 그런데 이런 감정은 아이가 약속을 무시했다는 생각, 그리고 아이를 위해 애쓴 노력이 쓸데없었다는 생각과 결합되면서 '분노' 혹은 '원망'이라는 2차 감정으로 바뀝니다. 2차 감정은 건설적인 소통보다 파괴적인 소통으로 마무리되는 경우가 많습니다. 실망이나 서운함이 소통의 주인공이어야 하는데 그 자리에 엉뚱한 분노와 원망이 끼어들어 주인공 노릇을 하는 경우가 많다는 겁니다.

2차 감정은 보통 부모가 만든 감정입니다. 부모의 컨디션이 좋을 때는 이런 생각으로까지 확산되지 않습니다. 기분이 좋을 때는 그냥 가벼운 지적으로 그치거나 쉽게 눈감아 줄 수도 있습니다. 부모의 2차 감정은 아이의 행동이 만들어 낸 것이 아니라 부모가 스스로 구성한 것입니다.[48]

따라서 2차 감정을 처리하는 책임도 부모에게 있습니다. 부모의 감정 상태를 정확하게 인식하는 것만으로도 소통은 한층 업그레이드될 수 있습니다. 부모가 피곤하고 힘든 일이 많을수록 파괴적인 2차 감정의 인식이 어려워지고 강도는 증가합니다.

이때는 아이의 게임이 문제가 아니라 부모 자신부터 돌보셔야 합니다. 아이에게 꼭 해야 할 얘기가 있다면 메모를 해놨다가 한숨 자고 일어난 후 하는 편이 더 정확하고 효과적입니다. 그래야 1차 감정 소통이 될 가능성이 높아집니다.

이마저도 여의치 않다면, 코를 통해 느리고 깊은 심호흡을 해보십시오. 그 과정에서 심장 박동과 뇌파가 안정됩니다. 주변에 거울이 있다면 거울을 한번 보는 것도 진정에 도움이 된다고 합니다. 자신의 표정을 살펴보는 인지 기능이 활성화되면 표정을 가다듬게 되고 그동안 화가 누그러지게 되는 원리입니다.

부모 자녀 간에 갈등이 없을수록 좋다는 생각은 착각입니다. 자라나는 아이와 부모의 관계는 늘 바뀝니다. 관계를 재설정하는 과정에서 갈등은 자연스러운 현상입니다. 부모 속 안 썩이는 착한 아이가 바람직해보이지만, 장기적으로 볼 때 '정체감 유실identity foreclosure'을 겪을 수 있습니다.[49] 부모 말만 들으면서 자란 아이는 스스로 판단과 결정을 내릴 수 있는 기준이 허약해지는 겁니다. 반대로 극심한 갈등은 파괴적인 결과를 가져올 수 있기에 바람직하지 않습니다.

그 사이에서 존재하는 적당한 갈등은 부모와 자녀 모두에게 성장과 발전의 기회가 됩니다. 그런 점에서 게임을 둘러싼 갈등을 문제로만 바라볼 것이 아니라 아이가 스스로 자신의 생활을 관리하는 능력을 기르는 과정으로 보십시오. 장기적으로 부모와 다양한 소통의 경험을 통해 다른 사람의 감정을 읽고 대처하는 대인관계 역량 향상의 기회가 될 수 있습니다.

게임을 둘러싼 게임

: 같은 편이 될 것인가, 경쟁자가 될 것인가

엄마: 오늘 게임 시간 지났다. 이제 그만해.

아이: (영혼 없는 목소리로) 알았어.

(10분 뒤)

엄마: (높아진 목소리) 10분이나 지났는데 아직도 하고 있네?

아이: 거의 다 끝났어. 이번 판만 끝나고….

(다시 10분 뒤)

엄마: (거친 목소리) 보자보자 하니까 정말…. 숙제는 언제 할 거야?!

아이: (씩씩거리며) 알았어! 그만하면 될 거 아냐!

엄마: 이놈이 지금 뭘 잘했다고 큰소리야!

어딘가 익숙한 상황 아닌가요? 사실 게임 때문에 집에서 큰소리가 날 정도로 갈등이 생기면 며칠이나 일주일은 좀 조용히 흘러갑니다. 그러다 다시 비슷한 상황이 반복되지요. 위의 상황은 저희 큰아이가 초등학교 저학년일 때 집에서 자주 겪은 갈등 패턴이기도 합니다.

게임에는 매우 다양한 내용과 유형이 있습니다만, 공통적으로 갖춘 요소는 있습니다. 목표와 규칙, 피드백 시스템입니다. 목표는 게임하는 사람이 성취해야 할 구체적 결과입니다. 규칙은 목표를 달성하기 위해 거쳐야 할 과정을 말합니다. 대체로 게임에서 규칙은 목표 달성에 방해가 되는 대상을 의미합니다. 어떤 방해물을 해결하거나 이겨야 목표에 도달하는 식이지요. 피드백 시스템은 플레이어가 목표에 얼마나 다가섰는지 알려주는 기능을 합니다. 점수나 레벨, 진행률 등으로 표시되지요.

여기서 게임의 요소를 언급하는 이유는 게임을 둘러싸고 부모와 아이가 겪는 갈등이 게임과 아주 흡사하기 때문입니다. 목표는 '게임하기'입니다. 규칙은 '아이와 부모의 대결에서 승리하기'입니다. '정해진 시간보다 덜 하면' 부모의 승리, '정해진 시간보다 더 하면' 아이의 승리라는 대전 게임 방식입니다. 피드백 시스템은 아이 혹은 부모의 승리 여부입니다. 이 게임은 거의 매일 단위로 진행됩니다.

게임에 익숙한 아이들은 다양한 전략으로 승리를 얻고자 노력합니다. 게임을 더 할 수밖에 없는 핑계를 만들거나, 화를 내거나, 칭얼거리는 방식으로 부모 마음을 불편하게 만듭니다. 그냥 시간을 좀 더 달라는 뜻이죠. 반면 부모는 매번 같은 전략을 사용합니다.

부모와 아이는 게임을 사이에 두고 이런 대전 게임을 꼭 해야 하는 것일까요? 대전 게임에서는 누군가 이기면 누군가는 지게 됩니다. 혹은 아무도 지거나 이기지 못하는 무승부가 됩니다. 이것이 피드백의 전부입니다. 무승부는 아름다운 결과가 아니죠. 승패가 나지 않은, 둘 다 불만족스러운 상태를 의미합니다. 따라서 모두가 만족할 만한 결과를 기대하기는 불가능한 게임이라 할 수 있습니다. 더군다나 아이가 자라 엄마 키를 넘어설 쯤에는 게임 환경이 지금보다 더 '기울어진 운동장'이 됩니다. 부모님이 매번 패자가 되는 게임 말입니다.

이런 문제를 반복하다가 게임이해 강연에 참석하신 부모님들은 대체로 이런 질문을 합니다. "부모가 이길 수 있는 전략은 뭔가요?" 제가 드릴 수 있는 답은 게임에서 이길 방법을 찾기보다 게임의 구조 자체를 바꿔야 한다는 겁니다.

서로 위원할 수 있는 게임으로요. 그래서 이렇게 답을 드리면 "너무 이상적인 것 같은데요. 실제로 가능한가요?" "더 엄격한 (규제)정책을 수행해야 하는 거 아닐까요?" 이런 항의를 많이 받았습니다.

그러나 한쪽이 이기고 한쪽이 지는 게임은 효과가 없습니다. 여기서 연구 하나를 소개합니다. 1980년대 후반에서 1990년대 초반까지 미국국립암연구소NCI는 1,500만 달러를 투자해 청소년 대상으로 '허친슨 흡연 예방 프로젝트 Hutchinson Smoking Prevention Project'라는 이름의 대규모 프로그램을 실시했습니다. 그 후 효과를 알아보기 위해 프로젝트 종료 후 2년이 지난 시점에 예방교육을 받은 집단과 받지 않은 집단 각각 4,000명 이상의 사람들을 조사했습니다.[50] 혹시 거짓 답변을 하는 경우를 대비해 타액을 채취하고 니코틴과 관련 화학물질 함유량까지 측정했습니다.

결과는 실망스러웠습니다. 교육을 받지 않은 집단 중 28%가 흡연을 한 것으로 나타났는데, 예방교육에 참여했던 그룹은 29%가 흡연한 것으로 나타났기 때문입니다. 엄청난 돈을 퍼부은 공공캠페인이 전혀 효과가 없었던 겁니다.

학생만 교육해서는 효과가 없음을 알게 된 후, 부모 대상 교육을 실시했습니다. 학생 대상의 교육에 더해 부모가 자녀에게 금연을 효과적으로 설득할 수 있는 방법을 안내했습니다. 이번에는 이러한 슬로건을 내걸었죠. "지금 말하세요. 자녀들은 들을 겁니다."

결과는 어땠을까요? 이 캠페인은 오히려 청소년들이 흡연의 위험성을 '덜' 믿고 담배를 '더' 많이 피우도록 부추겼다고 합니다.[51] 전형적인 방법으로 청소년의 행동을 강제 통제하려고 하니 더 반발을 불러 오히려 교육을 안 하느니만 못한 결과를 가져온 것입니다.

또 다른 연구를 볼까요? 2009년 미국 중고생을 대상으로 부모의 통제와 아이의 반응 간의 관계 연구[52]를 진행했습니다. 부모가 아이에게 원칙을 정하고 규칙을 지키도록 행동 통제를 하는 경우, 그리고 잘못한 행동을 했을 때 죄책감이 들도록 심리통제를 한 경우의 효과를 각각 살펴봤습니다.

결과는 어떤 종류의 통제든 아이가 자신의 선택이 부모에 의해 제한을 받았다고 판단한 순간, 조언을 받아들이지 않을 뿐만 아니라 오히려 반대의 선택을 하는 것으로 나타났습니다. 역시 반발이었지요. 이제 막 공부를 하려고 하는데, "너 공부는 언제할 거니?"와 같은 말을 들었을 때 더 하기 싫어지는 것처럼 말입니다. 이렇게 부모의 통제가 오히려 더 부정적인 결과를 가져왔다는 실험 결과가 많습니다.

이 현상은 '반항 이론reactance theory'으로 설명할 수 있습니다.[53] 반항 이론은 사회적 압력 같은 강요를 받으면 스스로 자유를 지키기 위해 강요받는 행동과 정반대의 행동으로 대응한다는 이론입니다. 이 이론은 게임 통제에 그대로 적용됩니다. 실제 많은 부모들의 증언도 있지요. 단순히 게임을 정해진 시간대로 하도록 강제하는 방법은 오히려 게임하고 싶어 하는 아이의 욕망을 더 늘려 놓을 뿐입니다.

그럼 어떻게 해야 할까요? '모르는 것을 알려주면 고칠 것'이라는 생각은 효과가 없습니다. 앞서 소개해드린 많은 연구를 통해 드러난 사실입니다. 여기에 대한 대안으로 제시된 것이 '목표중심접근법'입니다.[54]

게임 시간을 통제하려는 부모는 게임을 하는 행동뿐만 아니라 게임을 하는 자녀의 행동 전반을 통제하려는 욕구가 강합니다.

통제 욕구의 심리적 동기는 무엇일까요? 제 생각에는 여기에 자녀를 위해 늘 노력하는 '좋은 부모'라는 목표가 내재되어 있기 때문입니다. 게임을 스스로 판단해 즐기도록 허락하는 것은 좋은 부모라는 목표와 상반되는 것이라 불안하고 당황스러운 상황이 이어지는 것입니다.

'목표중심적 접근법'에 의하면, '좋은 부모'는 게임하는 '자녀'에게 어떻게 접근해야 하는가라는 근본적인 목표에 더 집중합니다. 게임을 몇 시간이나 하는가에 초점을 두지 않습니다. 이렇게 근본적 목표에 집중하면 초점이 게임에서 자녀의 마음으로 옮겨갑니다. 자녀의 입장을 이해하고, 그 입장에서 왜 그런 게임을 하는지, 게임에서 얻는 것은 무엇인지 공감할 수 있는 심리적 여유가 생깁니다.

지혜로운 부모는 자녀가 게임을 덜 하게 만들 수 있는 정보나 방법에 매몰되지 않습니다. 지혜로운 부모는 어떻게 자녀에게 도움이 되는 부모가 될 수 있을까라는 좀 더 원대한 목표로 접근합니다. 이러한 질적 도약은 부모와 자녀 모두를 성장과 성숙이라는 결과로 안내합니다.

게임 이용 규칙을 정하기 전에
생각해봐야 할 것들

보통 가정에서 이런 게임 규칙을 많이 정합니다. '게임을 몇 시간 혹은 어느 요일에만 한다.' '게임할 때 욕을 하지 않는다.' '게임에 용돈을 사용하지 않는다.'

규칙을 만들었으면 일관성 있게 지키는 게 중요하죠. 그런데 사실 어른도 규칙을 그대로 지키기가 어려운 경우가 많습니다. 상황이나 조건이 늘 똑같지 않기 때문입니다. 모처럼 명절을 맞아 아이와 비슷한 또래의 친척들이 집에 놀러 왔습니다. 이런 날도 예외 없이 같은 게임 규칙을 적용해야 할까요?

일관성을 가장 잘 지키는 건 기계입니다. 사람은 일관적이기 어렵습니다. 반면 기계보다 사람이 더 잘 발휘하는 능력이 있습니다. 융통성입니다. 융통성을 발휘하기 위해서는 뭐가 필요할까요? '의미와 가치'입니다.

어떤 학자들은 의미의 본질이 연결이라고 설명하기도 합니다.[55] 서로 다른 두 개를 연결하는 것, 즉 어떤 행동과 그것이 맞닿은 가치 간의 연관성을 맺어주는 것이 바로 의미입니다. 의미는 삶의 과정에 안정성을 부여하는 심리적 수단이 될 뿐 아니라 옳고 그름의 판단 기준을 제공하는 기능도 합니다. 중요한 기능이죠. 이를 통해 궁극적으로 자신이 가치 있는 존재임을 자각하게 됩니다.

저는 지금 컴퓨터 자판으로 이 글을 쓰고 있습니다. 저의 행동을 가리켜 손가락이 움직인다고 할 수도 있고, 글을 쓰고 있다고 할 수도 있습니다. 의미를 조금 더 확장하면, 저는 지금 제가 가진 지식과 경험을 독자들과 나누는 일을 하고 있습니다. 의미의 수준이 높아질수록 행동의 중요성과 책임이 함께 커지는 것을 눈치 채셨나요? 규칙을 잘 지키고 있는지 감독하지 않아도 스스로 융통성 있게 행동을 조절할 수 있는 힘은 바로 '의미'에서 나옵니다.

마우스와 키보드, 조이스틱 같은 도구로 입력하고 그 결과가 화면으로 나온다는 점에서 게임과 글을 쓰는 행위는 비숫합니다. 따라서 게임하는 아이들의 행동도 의미 수준이 다양할 수 있습니다. 게임하는 행위를 그냥 시간 낭비와 연결시킬 수도 있지만, 친구와의 사교 기회로 인식하거나 성장이나 성취의 공간으로 다양하게 의미를 부여할 수 있습니다.

의미를 어떻게 구성하는가에 따라 아이와 할 수 있는 소통의 양과 질이 확연히 달라집니다. 게임을 시간 낭비로 의미화한다면 아이가 하는 게임의 내용은 별로 고려가 되지 않습니다. 단지 얼마나 시간을 사용했는가가 문제가 됩니다. 그렇지만 친구들을 만나는 일로 의미화한다면 누구를 만나 어떻게 놀았는지 부모와 나눌 수 있는 새로운 이야깃거리가 생깁니다. 어떻게 협동하고 경쟁했는지, 따져 보면 무궁무진한 이야깃거리죠. 놀이터에서 놀고 들어온 아이와 다를 게 없습니다.

많은 아이들은 게임 속에서 영웅 체험하기를 좋아합니다. 사이버 세상을 구하거나 자신의 팀이 승리하는 데 기여하기를 원한다는 것이죠. 저희 아이도 비슷합니다. 주말 오후 늦게까지 영웅 노릇에 몰두한 아이에게 이제는 게임 밖에서도 영웅이 되어 달라고 부탁합니다. 불안한 어머니를 구해 달라는 부탁이죠. 그럴 때 아이들은 대부분 헤헤 웃으며 엄마가 원하는 그 뭔가(?)를 합니다.

게임을 통한 의미 부여는 친구 관계나 공부, 취미 같은 다른 행동에 대한 의미 부여로 자연스럽게 이어질 수 있습니다. 자신의 행동에 대한 의미 부여가 충만한 사람은 더 큰 행복[56]을 느끼며, 어떤 상황에서든 잘 적응하는 경향[57]이 있다고 합니다.

부모 자녀 관계를 포함한 인간관계의 주요 갈등은 서로 생각하는 의미가 다를 때 일어납니다. 내가 큰 의미를 부여하는 행동을 누군가가 하찮게 취급하면 화가 납니다. 당연한 결과입니다.

아이에게 게임도 마찬가지입니다. 게임을 강제로 중단하는 상황에서 대부분의 아이들은 저항합니다. 게임이 아이를 폭력적으로 만든다기보다 스스로의 존엄성을 지키기 위한 본능적 행동으로 볼 수 있습니다. 오히려 아무 대응도 하지 않는 아이가 더 위험할 수 있습니다. 자신의 행동에 대한 의미 부족은 우울증을 예측하는 요인으로도 밝혀진 바 있습니다.[58]

지혜로운 부모라면 아이가 많은 시간과 노력을 들이는 게임이 아이에게 어떤 의미인지 물어봅니다. 만일 아이가 특별한 의미를 찾지 못한다면 함께 의미를 찾아보는 것도 대화의 좋은 주제가 될 것입니다.

에몬스Emmons 라는 학자가 사람들의 의미를 조사한 결과 크게 4가지 주제로 수렴했다고 합니다.[59]

첫째는 일/성취입니다. 자신이 소망하는 성과나 지위를 얻는 것, 자신만의 영역을 개척하거나 도전을 찾아나서는 것이 대표적인 영역입니다. 두 번째는 친밀감/관계입니다. 다른 사람과 친하게 잘 지내는 것, 다른 사람을 신뢰하고 도와주는 것 등이 있습니다. 세 번째는 영성과 종교로 신과 개인적 관계를 맺는 것, 네 번째는 초월/다산성으로 사회에 봉사하고 공헌하는 것입니다. 주로 나이와 경험이 있는 어른에게 해당되는 의미입니다. 아이에게는 일/성취, 친밀감/관계가 게임 속에서 찾을 수 있는 의미가 아닐까 싶습니다.

조금 더 욕심을 낸다면 게임보다 더 큰 범위의 활동, 이를테면 취미생활이나 자유시간, 용돈을 어떤 기준으로 사용하는 것이 좋을까에 대해 대화하는 것도 발전적인 방향으로 생각됩니다. 아이뿐만 아니라 부모 자신의 의미와 가치를 함께 돌아볼 수 있는 기회가 되지 않을까 싶습니다.

리스펙트,
게임의 안팎을 이어주는 마음길

게임하는 아이들은 승리나 높은 레벨을 원합니다. 그런데 그게 진짜 목표는 아닙니다. 아이들이 원하는 건 자신의 실력이 다른 게이머와 친구로부터 인정받는 것입니다. 인정을 받을 때 스스로 가치가 있다는 존중감을 느낍니다.

많은 아이들이 좋아하는 게임 '리그오브레전드'에서는 우리 편이 좋은 플레이를 했거나, 상대편이지만 아주 멋진 플레이를 보여줬을 때 '엄지 척'을 내보입니다. '너는 아주 실력 있는 게이머야!' 이런 칭찬이죠.

게임이 끝난 후 명예 투표도 있습니다. 게임에서 가장 멋진 플레이를 했거나 열심히 한 플레이어 딱 한 명에게만 줄

감정표현 아이콘 중 가장 많이 사용되는 '엄지 척'

수 있습니다. 명예 점수를 많이 받으면 명예 휘장이 자신의 캐릭터 위에 보석처럼 표시됩니다. '오버워치'라는 게임에서는 게임을 마칠 때마다 '최고의 플레이'를 선정하고, 그 사람의 멋진 플레이 장면을 15초 분량으로 편집해 보여줍니다. 게임을 함께한 이들도 함께 볼 수 있도록 말입니다. 게임 속에서 느끼는 것과 또 다른 짜릿함을 느끼는 순간입니다.

아이들이 게임을 좋아하는 데는 게임 밖에서 인정과 존중을 받는 경험이 적기 때문이라는 이유도 있습니다. 사람이라면 마땅히 받아야 할 인정과 존중이 고팠던 것일 수 있겠구나 생각하면 마음이 좀 짠합니다. 게임 속에서 받은 인정과 존중을 부모님으로부터 충분히 받을 수 있다면 얼마나 좋을까요?

"이제 그만할 시간이야!"라고 말하는 대신, 오늘 게임 전적이 어땠는지 물어보십시오. 자주 물어보면 내 아이의 대략 승률을 알 수 있습니다. 더 많이 이겼으면 축하해주시고, 승률이 떨어지면 위로도 해주시고요. 어떻게 이기고 졌는지 조금 더 구체적으로 물어보면 할 수 있는 이야기는 더 많을 겁니다. 게임 이야기가 충분히 무르익으면 아이의 마음속 이야기나 게임 밖의 이야기도 자연스럽게 흘러나옵니다.

여기서 주의하셔야 할 게 있습니다. 단순히 게임을 빨리 끝냈으면 하는 바람으로 말을 건네는 건 오히려 안 하는 것만 못합니다. 메라비언Albert Mehrabian의 법칙에 의하면, 말의 내용이 의사소통에서 차지하는 비중은 7% 밖에 되지 않는다고 합니다. 나머지 93%는 말투와 표정을 통해 전달됩니다. 말로는 인정하고 존중한다 하지만, 표정이 다른 말을 하고 있다면 어떻게 믿을 수 있을까요? 진심을 읽는 능력은 아이가 말을 배우기 전부터 있던 본능입니다.

마음이 별로 내키지 않는다면 어떻게 해야 할까요? 글로 쓰는 것이 효과적이라고 합니다. 부모의 걱정을 글로 쓰면 걱정에 대한 내용이 분명해지고 평가가 좀 더 객관적으로 이루어집니다. 과학전문지 〈사이언스〉를 통해 발표된 결과입니다.[60] 흔히 걱정을 던다는 표현을 하는데, 실제로 글을 쓰면 마음속의 걱정이 줄어드는 효과가 있습니다.

'존중'은 상대방의 의견과 동일하다는 뜻이 아닙니다. 상대와 의견이 다르지만, 상대방은 그렇게 생각할 수 있다는 사실을 알고 인정한다는 의미입니다.

부모님이 게임을 좋아하지 않더라도 아이가 게임하는 것을 존중하는 건 충분히 가능합니다. "엄마는 게임이 별로 마음에 들지 않지만, 네가 그렇게 좋아 하니 엄마도 좋아할 수 있게 노력해볼게."

이런 말을 들은 아이는 어떤 반응을 보일까요? "나는 초밥을 좋아하지 않지만, 네가 초밥을 좋아해서 내가 오는 길에 사왔어." 이런 말을 들었을 때의 느낌과 비슷하지 않을까요? 이런 노력이 시도되면 부모 또한 아이로부터 존중을 받는 진한 경험을 하시리라 확신합니다.

게임 시간 통제력,
어떻게 길러줄 것인가

"아이가 매번 게임 시간 약속을 어겨요." 부모님들이 많이 하는 얘기입니다. 여기서 중요한 건 아이의 연령입니다. 아이가 성장해가면서 통제력의 발달 수준이 현격하게 차이 나기 때문입니다.

비유하자면, 통제력은 자동차의 브레이크에 해당합니다. 아이는 브레이크가 완성되지 않은 채 세상에 태어납니다. 본능 혹은 감정이라는 액셀만 달고 말입니다. 그래서 아이들은 충동적이고, 뭔가를 이야기해도 금방 잊어버리기 일쑤입니다.

맥코비 Maccoby 라는 학자에 의하면, 아이의 충동억제

impulse control 능력은 분야에 따라 발달 시기가 다릅니다.[61] 행동억제는 하던 행동을 멈추는 능력을 말합니다. 대체로 아이들은 새로운 행동을 시작하는 것보다 하던 행동을 중단하는 것을 어려워합니다.

행동억제 능력이 발휘되는 시기는 대략 초등학교 1학년이라고 합니다. 이전까지 아이는 그만하라고 말해도 스스로 그만두기 어렵습니다. 엄마 말을 안 듣는 것이 아니라 브레이크가 제대로 작동하지 않기 때문입니다. 이런 브레이크는 억지로 고칠 수 없습니다. 시간이 흘러 만들어질 때까지 기다려야 합니다.

초등학교 1학년 이전의 아이라면 게임을 혼자 하게 내버려두기보다 부모나 보호자가 함께 하는 편이 좋습니다. 게임은 혼자 하는 것이 아니라 함께 하는 것이라는 습관을 들이면 사춘기가 되어서도 좋은 부모 자녀 관계가 지속될 수 있는 바탕이 됩니다.

스마트폰이나 게임기를 일찍부터 혼자 잘 다루는 영민한 아이라면 '놀이 상황'을 통해 적절히 통제가 이루어질 수 있습니다. 러시아의 역사문화심리학자 레프 비고츠키Lev Vygotsky에 의하면, 인내심이 약한 아이들도 자신이 경비 역할을 맡으면 인내심이 강해지는 결과를 보인다고 합니다.[62]

좋아하는 영웅이나 소방관처럼 아이가 좋아하는 역할을 맡겨보세요. "용감한 소방관 아저씨, 우리 아이가 게임 시간이 다 됐는데도 계속 게임을 하네요. 게임이 언제 끝나는지 물어봐주세요." "이제 스마트폰을 엄마에게 돌려달라고 말 좀 전해주세요." 이런 역할극이 시작되면 아이는 1인 2역을 하며 기분 좋게 게임을 종료하기도 합니다.

초등학교 6학년쯤 되면 사춘기에 도달하고 이때부터 서서히 충동억제 중 선택억제가 가능해지기 시작합니다. 선택억제란 단기간의 작은 보상을 포기하고 오래 기다려야 하지만 더 큰 만족을 주는 장기보상을 선택할 수 있는 능력을 말합니다. 대체로 이 나이가 되어야 자신의 판단에 의한 인내심을 발휘할 수 있게 되는 겁니다.

이런 능력은 두뇌 발달과도 밀접한 관련이 있습니다. 정서를 담당하는 편도체는 사춘기 이전에 완성되지만, 브레이크 역할을 하는 전두엽은 사춘기 때 어른의 뇌로 변화가 시작되며 20대 초중반에 완성된다고 알려져 있습니다. 이제 막 대학생이 된 청년도 아직 충분히 통제력을 발휘하기 어려운 신경구조라는 얘기입니다.

하물며 초등학생, 중학생이 스스로 딱딱 시간 맞춰 통제하기를 바라는 것은 과도한 욕심입니다. 나름 지키려고 애를 쓰는 모습에 '아낌없는 칭찬'이야말로 더욱 통제력을 발휘하는 연료가 되지 않을까 생각합니다.

게임 통제를 일찍부터 과도하게 하는 경우 비관론 성향이 굳어질 수도 있습니다. 미국의 심리학자 마틴 셀리그만 Martin Seligman에 의하면 초등학교 2~3학년경이 비관론이 형성되는 시기라고 합니다.[63]

자신과 주변에 대해 비관성을 가진 아이는 '될 것'보다 '안 될 것'을 더 생각하기 때문에 자연히 성취하는 것도 줄어듭니다. 통제력이 충분치 않은 이 시기의 아이들에게 무리하게 게임 통제력을 강요하다 보면 자칫 비관론을 심어줄 수 있습니다. 소탐대실이라 할 수 있겠지요.

이 시기의 아이들에게는 어떤 게임을 얼마나 할지 서로 상의를 해 결정하는 것이 긍정적인 자아상에 도움이 됩니다. 물론 약속이 의지만으로 잘 지켜지지 않기 때문에 보조적인 수단을 함께 활용할 필요가 있습니다.

예를 들면, 스마트폰이나 콘솔 게임기의 '자녀보호기능'이 있습니다. 자녀보호기능은 보통 기기에 기본 탑재되어 있는데, 혹시 없다면 플레이스토어나 앱스토어에서 다운받아 사용할 수 있습니다. 자녀보호기능에서 연령 설정을 통해 특정 연령의 게임에만 접속하거나 반대로 이용하지 못하

'게임 이용 지도서'는 게임물관리위원회 자료실에서 다운로드가 가능하다.

도록 설정할 수 있습니다. 이용 시간이나 아이템 구매도 관리해줍니다. 더 자세한 내용이 궁금하다면 '게임물관리위원회' 홈페이지에서 '게임 이용 지도서'[64]를 다운받아 보시는 것도 좋습니다.

이 시기의 아이들이 게임 이용 관련 규칙을 지키기 어려워 한다면 주변에 자신의 얼굴을 볼 수 있는 거울을 배치하는 것도 좋은 방법입니다.

미국의 심리학자 에드 디너 Ed Diener 교수의 실험에 의하면, 거울 앞에서 시험을 보면 부정행위가 줄어든다고 합니다.[65] 한 조건의 학생들에게는 거울을 보게 하고, 다른 조건의 학생들은 거울을 등지고 시험을 보게 했습니다. 시험 종료 후에도 두 조건의 학생들이 문제를 계속 푸는지 관찰했더니, 거울을 등진 학생들이 훨씬 더 많이 계속해서 문제를 풀었다고 합니다. 거울이 단순히 겉모습만 비춰 주는 것에 그치지 않고 양심과 도덕, 규칙을 상기시켜 바른 행동을 하도록 이끌었던 겁니다.

물론 게임 시간과 시험 시간을 똑같이 취급하기는 어렵습니다. 하지만 거울 하나 더 놓는 방법으로 갈등을 줄일 수 있다면 나름 좋은 방법이 아닐까 생각됩니다.

사춘기 이후의 청소년은 부모보다 또래에게 의지하는 경향이 더 강해집니다. 이 시기에는 부모가 아이의 외로움에 거의 도움이 되지 않습니다. 이때쯤 되면 게임 속 이야기도 잘 안 하려고 합니다. 부모와 독립된 자기만의 공간을 필요로 합니다.

이때 아이가 부모와 공유하기 싫어하는데도 자꾸 물어보고 확인하는 행위는 관계에 도움이 되지 않습니다. 오히려 부모를 정말 필요로 할 때 아이가 찾도록 그냥 두는 것이 도움이 됩니다. 앞서 설명드린 존중의 분위기가 계속 유지된다면 청소년은 진짜 문제가 있을 때 부모를 찾을 테니 말입니다.

이 시기에 부모로서 꼭 해야 할 말이 있다면 하고 싶은 말을 하고 나서 다음과 같이 한마디를 덧붙이는 게 중요합니다. "물론 할지 말지는 네게 달렸어."

선택의 권리가 아이에게 있다는 말로 반항심을 줄일 수 있습니다. 한 연구에 따르면,[66] 이런 말 한마디를 덧붙였을 때 요청을 들어준 사람이 4배 늘었다고 합니다. 말 한마디를 잘 이용하는 지혜가 필요합니다.

게임을 못하게 한다고
공부를 하는 것은 아니다

큰 문제가 해결되면 작은 문제는 저절로 사라지는 경우가 많습니다. 게임과 관련한 자녀 문제도 마찬가지입니다. 자녀들이 커갈수록 권한도 많이 넘겨줘야 합니다. 게임이 아니라 '자유시간을 어떻게 사용하는가'의 차원으로 접근할 필요가 있습니다. 게임을 많이 한다, 적게 한다가 아닌 자유시간 내에서 활용할 수 있는 선택지 말입니다.

이렇게 큰 범주로 프레임을 바꾸면 게임이 다양한 취미 중 하나가 됩니다. 선택한 것을 언제 어떻게 할지는 아이에게 맡겨야 합니다. 대신 공동생활에서 해야 할 일이나 계획된 일을 부모가 가끔 점검하는 편이 훨씬 더 목적을 이루는

데 도움이 됩니다.

실제로 게임 이용이 갈등이 되는 경우는 게임을 많이 해서라기보다는 그로 인해 정작 해야 할 일을 못 하는 경우가 발생하기 때문입니다. 그런데 해야 할 일을 챙기기보다 늘어난 게임 시간만 가지고 나무라는 부모들이 있습니다. 그래서 결과적으로 게임 시간을 줄일 수는 있겠지만, 목표한 일을 성취하는 데는 도움이 되지 않는 경우가 많습니다.

우리 아이가 게임을 안 하면 공부를 하고, 공부가 다시 좋은 성적으로 이어지는 걸까요? 게임을 하지 않는 것과 시험을 잘 보는 것은 별 상관이 없습니다. 게임도 안 하고 공부도 안 하는 경우가 있을 수 있기 때문입니다.

게임을 하지 않지만 공부를 어떻게 해야 하는지 모르는 경우도 있습니다. 공부의 기초가 부족하거나 부족한 기초를 주변에서 도와줄 사람이 없을 때도 있습니다. 따라서 '정해진 게임 시간을 지켜라'에 초점을 둘 것이 아니라 다가온 시험을 위해 무엇부터 해야 하는지 세부 전략을 수립하는 것이 좋습니다.

여기 도움 될 만한 팁이 또 있습니다. 목표를 달성하기 위해 가장 쉽게 할 수 있는 일에 먼저 집중하는 것이 좋은 결과를 가져온다고 합니다.

예를 들어보겠습니다. 운동을 위해 야심차게 구입한 러닝머신은 며칠 열심히 사용하다가 얼마 안 돼 빨래 건조대로 바뀌고, 결국 베란다나 창고에 처박힙니다. 왜 그럴까요? 사실 매일 러닝머신을 달리는 건 생각보다 어려운 목표입니다. 하루 이틀 미루다가 그냥 나중에 하기로 하면서 포기하는 경우가 대부분입니다.

이때 이런 목표를 잡아보십시오. 30분 달리기가 아니라 매일 러닝머신 위에 올라갔다 내려오겠다는 목표를 잡는 겁니다. 그러면 러닝머신을 오랫동안 사용할 가능성이 훨씬 높아진다고 합니다. 기왕 올라갔으니 조금이라도 달려야겠다

그냥 러닝머신 위에 올라갔다 내려온다는 마음만으로도 큰 도움이 된다.

는 생각과 행동이 만들어져 실천을 하도록 돕는 원리입니다.

아이들이 시험 준비를 위해 가장 먼저 하는 행동이 무엇일까요? 책상에 앉기, 스탠드 켜기, 교과서/참고서 책상 위에 꺼내 놓기, 인강 접속하기 같은 사소한 행동들이죠. 하지만 이렇게 방아쇠가 될 만한 행동을 목표로 삼으면 이전보다 좋은 효과를 기대할 수 있습니다.

컴퓨터나 스마트폰이 집중에 방해가 된다면 컴퓨터 모니터에 보자기 씌우기, 스마트폰 서랍에 넣어두기처럼 단순한 방법을 써보세요. 눈에 보이지 않도록 하는 것만으로도 집중력을 키워준다고 합니다.

하지 말라면 더 하고 싶게 되는
원리를 역이용하라

애타게 서로를 그리워하던 연인이 만나기 직전이라든지, 오랫동안 숨겨졌던 비밀이 발각되려는 찰나 '다음 회에'라는 예고를 남기고 드라마가 끝나는 순간을 기억하실 겁니다. 1분, 아니 30초만 더 보여주면 마음 편히 잠을 잘 텐데 참 고약한 연출이지요. 다음 내용이 궁금한 시청자들은 온라인에 모여 예상을 해보거나 논쟁을 하기도 합니다. 아직 완결되지 않은 내용은 완결된 내용보다 사람의 마음을 더 강하고 오랫동안 사로잡습니다.

이런 현상을 심리학에서는 '완결성의 원리Law of Closure'라고 부릅니다. 다음 그림처럼 진한 색의 삼각형 4개를 보여줬

삼각형 대신 틈새의 빈 곳을 사각형으로 인식할 가능성이 더 높다

지만, 이를 바라보는 사람은 진한 삼각형보다 그 사이에 위치한 흰색 사각형을 더 강하게 인식합니다. 완성된 삼각형보다 미완의 사각형이 우리의 마음을 더 사로잡은 것입니다. 아직 끝나지 않은 이야기가 마음에 더 강렬하게 자리 잡고, 조금 허술한 구석이 있는 사람이 더 매력적으로 보이는 이유이기도 합니다.

게임이 재미있는 이유는 아이들이 직접 모자란 부분을 메울 수 있는 요소가 많기 때문이기도 합니다. 게임에서는 조금만 애를 쓰면 몰락한 왕국의 평화를 찾을 수도 있고, 위기에 빠진 공주를 구할 수도 있으며, 힘들어하는 친구를 도와 임무를 완수할 수도 있습니다.

어찌 보면 빈틈이 많아 더 매력적으로 보이는 게임. 이런 게임을 막으면 아이는 포기할까요, 아니면 더 갈망을 갖게 될까요?

심리학의 입장에서 보면, 후자일 가능성이 높습니다. 부모님은 게임 대신 다른 무언가를 하기를 바라시겠지만, 그럴수록 완성하지 못한 게임만 아이 머릿속에 맴돌 뿐입니다. 의도와는 달리 재미있는 부분에서 끊게 만듦으로써 아이가 더욱더 게임을 생각하게 만들도록 만들었는지도 모릅니다.

하지 못하게 하면 더 하고 싶어지는 원리를 극적으로 이용한 헝가리의 교육심리학자 폴가Polgar의 사례를 소개합니다. 그는 지능이나 재능이 유전되는 것이 아니라 교육과 훈련을 통해 길러 낼 수 있다는 내용의 책《천재를 길러냅시다 Bring up Genius》를 씁니다. 그리고 자신의 교육철학에 동참할 배우자를 찾기 위해 공개구혼을 해 우크라이나 출신의 선생님 클라라와 결혼합니다. 폴가 부부는 결혼 후 세 딸을 낳았습니다.

이후 세 딸을 체스 명인으로 만드는 일생의 프로젝트가 시작됐습니다. 부부가 체스를 선택한 이유는 폴가나 부인 모두 체스를 모르기 때문이었습니다. 세계적인 체스 명인 가운데 여성이 한 명도 없어 '여자는 선천적으로 체스를 잘

못한다'는 고정관념이 널리 퍼져 있는 것도 하나의 선택 이유였습니다. 타고난 재능이 아니라 훈련과 교육을 통해 천재가 될 수 있음을 증명하기에 체스보다 더 적합한 종목을 찾기 어려웠던 것이죠.

폴가는 세 딸을 교육시키기 위해 1만 권의 체스 관련 책을 모았습니다. 그리고 자신이 매일 몇 시간씩 열심히 체스를 공부했습니다. 물론 특별한 교육방법은 따로 있었습니다. 바로 '금지'를 통한 동기화였습니다.

그는 딸들이 자신이 체스 공부하는 모습을 지켜볼 때마다 너무너무 재밌어하는 표정을 지어 보였습니다. 그리고 집안 곳곳에 체스 관련 책을 두고, 체스 말이 서랍 곳곳에서 발견되도록 환경을 만들었습니다. 호기심이 생긴 아이들은 체스 말을 만지며 놀고 싶어 했습니다. 이때 폴가는 "조그만 참아, 체스는 좀 더 커야 할 수 있는 거야" 하면서 막아섰습니다. 이것이 폴가의 핵심전략이었습니다.

그러면 큰딸은 체스를 하게 해달라고 울며 떼를 쓰곤 했습니다. 그때마다 조금씩 체스를 알려주고, 준비한 책과 자료를 볼 수 있도록 허락했습니다. 그마저도 어린 동생들은 들어가지 못하는 비밀의 방에서 따로 훈련했다고 합니다.

그때부터 마른 스펀지가 물을 흡수하듯 큰딸 수잔이 체

스에 몰두하게 됩니다. 수잔은 11살에 헝가리 남자대회 우승, 15살에 여자 세계랭킹 1위에 오릅니다. 그리고 21살에 체스 최고 명인에게 주어지는 그랜드마스터 칭호를 받게 됩니다. 그 후 23년 동안 체스 올림피아드 메달 10개, 여자세계선수권 우승 4회 등의 업적을 남깁니다.

폴가의 둘째, 셋째 딸도 언니가 비밀의 방에서 아버지와 체스를 둔다는 사실을 알게 될 무렵 체스에 대한 신비감과 호기심을 갖게 됩니다. 비슷한 방식으로 훈련을 거듭해 수잔과 4살 차이 나는 둘째 소피아는 여섯 살에 헝가리 11세 이하 남자부 체스 대회에서 우승을, 12살에 세계 14세 이하 여자부 우승과 남자부 준우승이라는 성적을 거둡니다. 그리고 결승에서 만난 상대와 결혼합니다.

둘째와 2살 터울인 막내 주디트도 12살에 남자부 우승과 최연소 체스 그랜드마스터 칭호를 얻는 등 세계적인 선수로 성장했습니다. 폴가 부부가 세 딸을 체스 명인으로 키우기 위해 어렸을 때부터 스파르타식으로 훈련했다면 더 좋은 성과가 있었을까요? 보통 사람보다 잘할 수는 있었겠지만, 아마 세계 최고 수준으로 성장하기는 힘들었을 겁니다.

우리나라 아이들이 게임에 열광하는 이유 중 하나는 부

모님이 게임을 적극적으로 막아서다, 이런 결론이 마냥 엉뚱하다고 보기는 어렵습니다. 적어도 폴가의 사례를 보면 그렇습니다. 그러고 보면 세계적인 프로게이머나 게임 스트리머를 만드는 교관의 역할을 이미 우리 부모님들이 하고 계셨던 겁니다. 의도하지는 않으셨겠지만 말입니다.

심리학적 관점에서 볼 때, 어릴 때부터 그 나이에서 감당하기 어려운 선행학습을 진행하면 아이의 동기와 호기심을 사그라뜨려 공부의 흥미를 잃게 만든다고 합니다.

가장 좋은 방법은 공부를 하고 싶어 안달이 날 때까지 막아서는 것일 텐데, 사실 이 방법은 저도 실패했습니다. 아내로부터 미쳤냐는 소리를 들으며 아이들 교육보다 제 안위를 먼저 챙길 수밖에 없던 아픈 기억이 떠오르는군요.

하지만 저는 금지를 통한 동기화가 여전히 가능성 높은 방법이라 생각합니다. 폴가와 같은 성공 사례가 우리나라에서도 보고되기를 바랍니다.

결론적으로 금지는 의도와 다른 결과를 가져올 수 있습니다. 그렇다고 일생을 거치는 실험을 하기에는 상황이 녹록치 않습니다. 이런 점을 고려해 제가 선택한 방법은 평일에는 쉬는 낮 시간에만 허락하고, 주말 이틀 동안은 마음대로 할 수 있도록 허락했습니다.

KBS 월요기획 다큐멘터리 <엄마는 전쟁 중, 게임의 해법을 찾아라>에서 소개된
저희 집의 사례 중 한 장면

큰아이는 요즘 게임보다 유튜브 시청에 더 많은 시간을 쏟고, 게임을 좋아하는 막내는 오전부터 오후 9시까지 다양한 게임을 섭렵합니다. 이렇게 놔둬도 될까 아내가 걱정을 한 적이 있습니다.

그렇게 한 10년 정도 지났는데 저희 아이들은 큰 문제없이 지내고 있습니다. 아이들도, 저와 아내도, 가정과 학교 모두에서 말입니다.

게임 갈등이
오래됐다면

게임을 둘러싼 오래된 갈등 관계를 해소하려면 갈등이 쌓여온 만큼의 시간과 노력이 필요하다고 합니다. 5년 동안 쌓인 갈등이 책 한두 권으로 혹은 한두 시간짜리 강연으로 말끔하게 해결되기 바라는 건 현실적이지 못합니다. 몇 차례 혹은 며칠 정도 시도하다 결국 원래 자리로 돌아오기를 반복합니다. 왜 이렇게 부모 마음을 몰라줄까 야속하다는 생각도 듭니다.

그런데 아이도 혹시 같은 생각을 하지 않을까요? '엄마 아빠는 왜 이렇게 내 마음을 몰라줄까' 하고 말입니다. 아이의 행동을 바꾸려고 오랫동안 노력했지만 실패만 반복했다면 전략을 바꿀 필요가 있습니다. 부모의 행동을 먼저 바꾸는 전략으로 말입니다. 이런 전략이 효과적일 수 있음을 보여주는 사례 하나를 소개합니다.

유럽은 축구 인기가 아주 높습니다. 4년마다 열리는 유러피언 챔피언십 축구대회(UEFA)는 유럽의 수많은 축구 팬이 몰려드는 성대한 축제입니다.

그런데 한 가지 문제가 있었습니다. 극성 축구팬 '홀리건hooligan'입니다. 참고로 홀리건은 응원팀이 이기든 지든 싸움을 하는 것이 특징입니다. 그래서 매번 대회를 할 때마다 홀리건을 막기 위해 엄청난 경찰을 투입하고, 진압 장비와 감시카메라는 물론 영국 정부와 협력해 이들을 입국하지 못하게 막는 방법까지 동원했습니다.

하지만 홀리건 문제를 해소하기 위한 대책들은 대부분 실패하고 맙니다. 오히려 수천 명의 홀리건을 자극해 더 격렬한 싸움이 일어나고, 결국 곤봉과 최루탄으로 무장한 경찰과 충돌이 반복됐습니다. 주최 측이 영국팀을 토너먼트에서 퇴출시키는 방안까지 검토했다니 그 심각성을 짐작할 수 있습니다.

그러다 포르투갈에서 열린 대회 '유로2004'에서는 다른 방식의 접근을 취했습니다. 영국의 사회심리학자 스토트Stott

의 아이디를 받아들인 것입니다. 결과는 놀라웠습니다. 3주간 펼쳐진 대회에 100만 명이 넘는 팬이 모였지만, 스토트의 아이디어를 적용한 지역에서 체포된 영국 팬은 1명에 그쳤습니다. 스토트 연구팀이 축구팬과 경찰 간의 접촉 2,000건을 분석한 결과 그중 무질서로 번진 비율은 0.4%에 불과했습니다.[67]

비결은 단순했습니다. 불상사에 대비한 무장경찰은 눈에 잘 보이지 않도록 배치한 대신, 진압복을 벗고 편안한 복장을 한 경찰들이 팬과 어울리며 관심을 공유하고자 하는 노력을 보였습니다.

거리에서 축구공을 다뤄도 몰수하지 않았습니다. 예전부터 훌리건은 거리에서 공을 높이 차 누군가를 맞히거나 테이블에 떨어뜨려 싸움을 일으킨 적이 많았습니다. 그래서 예방 조치로 축구공을 압수하던 관행이 있었는데 이를 바꾼 것입니다. 그랬더니 훌리건의 폭력은 급속히 줄었습니다.

이런 변화를 '정교화된 사회 정체성 모델the Elaborated Social Identity Model'로 설명할 수 있습니다. 간단히 요약하면, 선생님 앞에 있는 사람에게는 학생이라는 범주의 정체성이 부여되어 그에 맞는 행동을 하고, 진압 경찰 앞에 있는 사람들에게는 폭도, 즉 진압 대상이라는 범주의 정체성이 주어져 이에 어울리는 행위(폭력 등)가 일어난다는 설명입니다.

다시 말해 진압의 신호가 될 수 있는 경찰 복장과 태도를 바꾸어 훌리건을 폭도가 아닌 시민으로 정체성을 바꾸는 실험을 한 것입니다.

정체성을 결정한 것은 사소한 복장이나 농담을 주고받는 행동이었습니다. 경찰의 바뀐 태도는 훌리건에게 '당신들을 진압하러 온 것이 아니라 즐기려고 온 것'이라는 신호를 주었고, 훌리건은 이 신호에 어울리는 정체성으로 반응한 것입니다.

이 이론을 게임 때문에 갈등하는 부모 자녀의 상황에도 적용할 수 있습니다. 단순화시키자면, 부모에게는 게임하는 아이의 행동을 진압하는 경찰이라는 역할이 부여되고, 아이들에게는 그에 대항하는 훌리건의 정체성이 반복되었을 가능성이 있다는 의미입니다.

참을성이 바닥난 부모에게서는 자신도 모르게 굳은 얼굴과 날카로운 말투, 팔짱, 어찌할 줄 몰라 하는 손동작이 나옵니다. 누가 보더라도 공격적으로 느껴지는 모습이죠.

이런 상황을 자주 겪어본 아이들은 공격에 대항하기 위한 행동을 하게 됩니다. 부모에게는 적반하장으로 보이겠지만, 그냥 있다가는 수갑을 찰 것만 같은 아이들은 나름 필사적인 저항을 한 것으로 해석할 수 있습니다.

갈등이 오래된 부모 자녀 관계라면 갈등 이전의 신호들에 대해 생각해보고 태도를 바꾸어볼 필요가 있습니다. 약속 시간은 잊은 채 정신없이 게임하고 있는 아이에게 다가가기 전에 먼저 거울을 한번 보시면 어떨까요. 전투 의지에 불타는 모습이 보인다면 예전과 같은 갈등이 반복될 가능성이 높습니다.

우호 상황을 만들기 전에 정체성 범주의 다른 신호를 줄 필요가 있습니다. 청소를 도와달라는 신호로 음악을 틀거나 창문을 열어 환기를 시작해봅시다. 게이머의 정체성보다는 가족의 일원으로 청소에 참여해야겠다는 정체성을 조금 더 수월하게 불러일으킬 수 있습니다. 행동의 전환을 가져올 수 있지요.

게임을 마칠 시간쯤 아이에게 간식을 갖다 주고 옆에서 함께 먹는 것도 좋은 방법입니다. 달달한 음식이라면 더 좋습니다. 가까이서 달달한 간식을 나누어 먹으며 거친 말을 주고받는 건 매우 어렵기 때문입니다. 처음엔 낯선 행동에 당황해 아이가 저항할 수 있습니다. 그럴 때는 입에 먹여 주세요. 쉽지 않겠지만, 그렇다고 여기서 물러나면 관계 변화는 절대로 일어나지 않습니다.

"게임 그만해라"라는 말은 꼭 피해야 할 신호입니다. 대신 "게임이 그렇게 재미있어?" "게임 잘되고 있어?" 이렇게 물어보시죠. 비아냥이 아니라 진심으로 알고 싶다는 태도를 가지고 말입니다.

연구에 의하면, 새로운 습관을 뇌에 각인시키는 데 최소 3주가 소요된다고 합니다.[68] 어색하더라도 3주 정도 인내심을 갖고 신호를 바꿔보면 이전과 다른 대화의 맥락이 만들어질 것입니다. 고질병이라던 영국의 훌리건도 변화시킨 방법입니다. 하물며 우리 순박한 아이들은 어떻게 변화할지 궁금하지 않으신가요?

게임 경험을
스토리텔링 소재로

제품과 서비스, 콘텐츠가 넘쳐나는 요즘, 스토리텔링은 소비자에게 어필하는 중요한 전략으로 부상했습니다. 얼마 전 요리연구가 백종원 씨가 모 방송프로그램에서 재고로 가득 쌓인 완도 다시마를 라면 회사에 모두 판매했습니다. 인맥을 이용했지요. 그리고 라면 회사는 다시마가 두 장 들어간 라면을 출시해 소비자들에게 호평을 받습니다.

여기서 핵심은 다시마를 두 장 넣은 라면이 맛있다가 아닙니다. 누군가 다시마 재고에 어려움을 겪는 어민들을 도왔다는 스토리가 중요합니다. 이 스토리가 더 중요하게 작동해 방송과 판매 모두에서 성공을 거둔 사례라고 생각됩니다.

스토리텔링은 비단 제품이나 서비스에만 필요한 게 아닙니다. 취업이나 연애 등 사람에게 어필할 때도 꼭 필요한 기술입니다. 이야기가 있는 사람은 매력적이지요. 그 이야기가 듣는 사람으로 하여금 공감대를 불러일으키면 요즘처럼 취업이 어려운 때에 플러스 요인으로 작용하지요. 스토리는 누군가의 감정을 불러일으켜 정서적 공감대를 형성하게 해줍니다. 스토리에 빠져드는 순간 주인공과 같은 편이 되어 같은 감정과 생각을 갖게 됩니다.

아이들이 즐겨하는 게임은 아이가 주인공이 되어 이야기를 펼쳐나가는 구조가 많습니다. 게임 자체가 스토리텔링의 집합체인 셈입니다. 현재 위치가 있고, 가고 싶은 목적지로 가는 길에 수많은 장애물이 있다, 이게 게임의 전형적인 구조입니다. 이런 장애물을 나만의 기술이나 전략으로 극복하든가 다른 사람의 도움이나 협력을 통해 헤쳐 나갑니다. 게임뿐만 아니라 공부나 직장생활 같은 세상살이가 대부분 이런 구조입니다. 스토리텔링은 매력적으로 어필하는 데도 유용하지만, 스스로의 성과를 높이는 데 아주 탁월한 효과가 있습니다.

뉴욕대학교 심리학과 가브리엘 외팅겐Gabriele Oettingen 교수는 이런 현상을 '정신적 대비mental contrast'라는 개념을 통해 증명한 바 있습니다.[69] 실험 내용은 간단합니다. 첫 번째, 달성하고 싶은 현실적 목표를 생각합니다. 다이어트에 성공한 내 모습이 예가 될 수 있겠네요. 그러나 실험의 핵심은 두 번째 단계에 있습니다. 이 단계에서는 자신과 목표 사이에 놓인 장애물을 최대한 뚜렷하게 그려봅니다. 다이어트 과정 중 치킨과 라면 냄새에 의지가 꺾여 딱 한 입만 맛보는 순간을 떠올립니다. 이게 전부입니다.

그런데 효과는 놀라웠습니다. 더 적게 먹으면서도 활력이 넘치고 살도 더 많이 빠졌습니다. 장애물을 생생하게 생각하는 과정이 정신적으로 미리 대비를 시켜 실패하지 않고 목적지에 다다를 수 있었던 겁니다. 게임 전략과 흡사한 정신적 대비는 아이의 숙제나 시험 준비 등에서도 잘 활용하면 좋은 방법입니다. 시험이라는 목표에 도달하는 데 게임이라는 장애물이 나타날 때 어떤 느낌이 들지를 연습해보면 훨씬 더 수월하게 시험 준비를 할 수 있을 겁니다.

최근 많은 기업이 게임과 협업을 추구하고 있습니다. 이런 기업의 인사채용 담당자도 한때 게임을 즐겼거나 게임을 즐기고 있는 사람이 대부분입니다. 우리 아이는 이미 많은 시간과 노력을 들여 게임을 해왔습니다. 자신의 포부와 목표를 게임과 연관 지어 소개할 수 있다면 면접관에게 유대감과 신뢰감을 상승시키는 공감 스토리텔링이 되지 않을까 싶습니다.

게임을 하며 겪었던 수많은 사례 속에서 본인이 깨달은 점을 설명한다면 경험을 아끼는 인재로 평가될 가능성도 높습니다. 취업뿐만 아니라 대학수시입학전형에서도 활용해 보십시오. 전공과 관련된 게임 경험이나 게임을 통해 배운 점, 이 경험이 교과목과 어떻게 연관되는지 적을 수 있다면 차별성 있는 자기소개서가 될 것입니다.

지혜로운 부모라면 아이의 스토리텔링에 활용될 수 있는 경험들을 미리 정리하거나 적어둡니다. 부모가 할 수 있는 지원이지요.

저희 집에서는 게임노트를 적고 있습니다. 승패와 인상 깊었던 게임 내용, 거기서 느낀 소감을 간단히 적습니다. 게임 복기復棋는 정신적 대비 능력을 키워줄 뿐 아니라 즐겨 하는 게임에서 자신만의 스토리텔링 소재를 모을 수 있는 기회이기도 합니다.

에필로그

저는 심리학을 전공한 후 게임과 e스포츠에 관심을 갖고 연구와 강연을 진행하고 있습니다. 그리고 아들 둘과 딸 하나를 두고 있습니다.

저희 집에서는 게임을 말리기보다 게임을 사주고 함께 하는 편입니다. 아내가 걱정을 하면 저는 그때마다 괜찮다고 안심을 시켜줬는데, 어느 집에서나 그렇듯 아내는 제 말을 잘 믿지 않았습니다. "게임을 연구한다고 애들까지 게임에 빠뜨릴 작정이요?" 이런 말도 들은 적이 있습니다.

막 스무 살이 된 큰아이는 유치원 때부터 게임기를 끼고 살았습니다. 게임을 너무 많이 해서 몇 번이나 게임기 수리를 받을 정도였습니다. 그사이에 갈등도 있었고, 압수를 한 적도 있지요. 아무튼 큰아이 때는 갈등이 좀 있었는데, 다행히 별 문제 없이 자랐습니다.

제 아내는 막내가 주말 내내 게임을 해도 잘 봐주는 편입니다. 걱정이 되긴 하지만 그래도 잔소리는 덜합니다. 가끔 하는 잔소리는 "똑바로 앉아서 해라." "밥 먹고 해라." 이 정도죠.

시끄럽게 게임을 하던 아이가 조용해지면 거꾸로 물어보기도 합니다. "다른 친구들 다 밥 먹으러 나갔니?" 아내는 아이가 게임 속에서 어떤 친구와 노는지 어느 정도 알고 있습니다. 오늘은 누구랑 게임을 했냐고 물었을 때 "엄마는 모르는 애야!" 이런 답을 더 많이 듣긴 했지만요.

그러다 운이 좋게 게임문화재단에서 진행하는 게임문화 강연자로 나서 전국의 부모님들을 접할 기회가 생겼습니다. 게임하는 아이에 대한 걱정을 가진 부모도 만나고, 게임을 통해 아이의 진로나 적성을 키워주려고 고민하는 부모도 만났습니다. 자녀가 잘되기를 바라는 마음은 모든 부모가 같지만, 어떻게 대처해야 할지에 대해서는 모두가 막막해하신다는 사실을 체감했습니다. 저도 많은 경우 똑 부러진 답을 드리지는 못했지요.

그래서 다른 연구자나 선생님들이 이런 질문에 어떤 답을 하시는지 찾아봤습니다. 아쉽게도 제가 만족할 만한 답을 발견하지는 못했습니다. 그러다가 문득 그런 생각이 들었습니다. 게임을 둘러싼 문제의 해법을 정확히 아는 사람은 아무도 없다는 사실을 말입니다. 좀 더 생각해보니 아주대학교 심리학과 김경일 교수님이 늘 강조하시는 '메타인지 metacognition'의 부족을 실감했습니다.

메타인지란 자신의 인지(생각)가 적절한지를 판단하는 인지 능력, 즉 '내가 모르는 것을 아는 능력'이 핵심입니다. 좀 더 추가하자면, 경험이 다른 상대방과 나는 서로 중요도와 우선순위가 다를 수 있다는 점, 그래서 자신이 경험한 답이 틀릴 수 있음을 인식하는 능력까지 포함합니다.

그래서 아이들이 부모와 어떻게 다르게 생각하는지 최근의 연구와 현상들을 찾아봤습니다. 이런 정보들을 바탕으로 아이와 부모의 효율적인 의사소통법을 찾고 새로운 관계를 이끌어내는 것, 그게 이 책의 주요 얼개였습니다.

이 책에서 제가 다룬 내용이 '당신이 정말 모르고 있던 것들의 전부냐?' 묻는다면 자신이 없습니다. 하지만 여럿이 지혜를 모으기 위해서는 누군가 먼저 시작을 해야 하는데 그런 역할이라도 되었으면 좋겠다는 마음이 들었고, 그래서 용기를 내어 이 책을 썼습니다.

지금까지 게임을 말리거나 시간을 관리하는 정도로 아이를 지도했다면, 게임을 적극 지지하고 오히려 게임을 활용해 아이의 재능을 키울 수 있는 옵션도 있음을 기억해주시기 바랍니다. 한 가지 반찬보다 여러 반찬이 몸에 이롭듯 게임을 다루는 법도 여러 가지를 알고 있는 게 분명 도움이 될 겁니다.

지혜를 기르기 위해서는 시간이 필요합니다. 고수가 되기 위해 많은 시간 수련을 하듯 말입니다. 다양한 지식과 기술 중에서 우리 집 상황에 잘 맞는 것이 무엇인지, 어떤 상황에서 어떤 지식과 기술을 선택하는 것이 효과적인지 답을 알아내는 방법은 하나입니다. 시간을 들여 직접 해보는 것입니다. 그 외의 길을 저는 알지 못합니다.

열정과 끈기, 근성을 포함하는 그릿GRIT의 정신은 아이에게만 필요한 게 아닙니다. 저를 포함한 모든 부모에게 꼭 필요한 덕목임을, 저는 이 책을 쓰며 깨달았습니다.

지혜로운 사공은 바람과 파도에 맞서지 않고, 이를 활용해 목적지까지 배를 인도한다고 합니다. 아무쪼록 이 책을 통해 게임과 맞서는 법이 아니라 게임을 활용하는 법을 배

우셨길 바랍니다. 우리 아이를 밝은 미래로 인도하는 길에
이 책이 미력하나마 도움이 될 수 있으면 좋겠습니다.

감사의 글

이 책이 나오기까지 도움을 주신 많은 분들께 감사의 말을 올립니다. 집필연구 지원을 해주신 게임문화재단과 넥슨 코리아에 깊은 감사를 드립니다. 지원이 없었다면 이 책을 쓸 엄두도 내지 못했을 겁니다. 다양한 소재와 체험의 기회를 제공해준 가족 용욱, 원영, 겜돌이 막내 용훈이와 아내 이은숙 님께 특별한 고마움을 표합니다.

이 책이 멋지게 나올 수 있도록 수고해주신 출판사에도 감사 인사를 전합니다. 일일이 거명하지 못한 학계와 산업계의 선후배 동료들, 그분들의 격려와 조언이 없었다면 이 책은 나오기 어려웠을 겁니다. 모두 감사합니다.

미주

1. https://www.wired.kr/news/articleView.html?idxno=2365

2. 스탠리 코헨은 이 현상을 '도덕적 공황moral panic'이라고 불렀다.

3. N. Yee, *The Labor of Fun: How Video Games Blur the Boundaries of Work and Play*, Game and Culture Issue, Vol.1, No.1, 68~71, 2006.

4. N. Yee, *The Demographics, Motivations and Derived Experiences of User of Massively Multi-user Online Graphical Environments*, Teleoperators and Virtual Environment, Vol.15, 309~329, 2006.

5. 류철균, 신세미. 가상세계의 재미노동과 사용자 정체성. 한국콘텐츠학회논문지. 7(8). 182~190. 2007.

6. 김상균. 메타버스: 디지털 지구, 뜨는 것들의 세상. 플랜비디자인. 2020.

7. 토머스 길로비치, 리 로스. 이 방에서 가장 지혜로운 사람. 이경식 역.

한국경제신문. 2018.

8.   Van Rooij, Antonius J., et al., *A weak scientific basis for gaming disorder: Let us err on the side of caution*, Journal of behavioral addictions, 7.1, 1~9, 2018.

9.   Tybur, Joshua M., Debra Lieberman, and Vladas Griskevicius, *Microbes, mating, and morality: individual differences in three functional domains of disgust*, Journal of personality and social psychology, 97.1, 103, 2009.

10.   스튜어트 브라운, 크리스토퍼 본. 플레이, 즐거움의 발견. 윤미나 역. 흐름출판. 2010.

11.   Hamlin, J. K., Wynn, K., & Bloom, P., *Social evaluation by preverbal infants*, Nature, 450, 557~559, 2007.

12.   Ferguson, C. J., *Does media violence predict societal violence? It depends on what you look at and when*, Journal of Communication, 65(1), E1~E22. 2015.

13.   Cunningham, S., Engelstätter, B., & Ward, M. R., *Violent video games and violent crime*, Southern Economic Journal, 82(4), 1247~1265, 2016.

14.   Wilde, G. J., *The theory of risk homeostasis: implications for safety and health*, Risk analysis, 2(4), 209~225, 1982.

15.   Milkman, K. L., Rogers, T., & Bazerman, M. H., *Harnessing our inner angels and demons: What we have learned about want/should conflicts and how that knowledge can help us reduce short-sighted decision making*, Perspectives on Psychological Science, 3(4), 324~338, 2008.

16.   에드워드 L. 데시, 리처드 플래스트. 마음의 작동법: 무엇이 당신을

움직이는가. 이상원 역. 에코의서재. 2011.

17. Winnicott, D. W., *The child and the outside world: Studies in developing relationships*, Vol. 9, Routledge, 2013.

18. Botvinick, M., & Cohen, J., *Rubber hands 'feel' touch that eyes see*, Nature, 391(6669), 756, 1998.

19. Rosser, J. C., Lynch, P. J., Cuddihy, L., Gentile, D. A., Klonsky, J., & Merrell, R., *The impact of video games on training surgeons in the 21st century*, Archives of surgery, 142(2), 181~186, 2007.

20. N. Yee & Bailenson, J., *The Proteus effect: The effect of transformed self-representation on behavior, Human communication research*, 33(3), 271~290, 2007.

21. Steele, C. M., *The psychology of self-affirmation: Sustaining the integrity of the self*, Advances in experimental social psychology, 21, 261~302, 1988.

22. Kolditz, T. A., & Arkin, R. M., *An impression management interpretation of the self-handicapping strategy*, Journal of Personality and Social Psychology, 43(3), 492~502, 1982.

23. Yun, S., Takeuchi, R., & Liu, W., *Employee self-enhancement motives and job performance behaviors: Investigating the moderating effects of employee role ambiguity and managerial perceptions of employee commitment*, Journal of Applied Psychology, 92(3), 745, 2007.

24. Akimoto, S. A., Sanbonmatsu, D. M., & Ho, E. A., *Manipulating personal salience: the effects of performance expectations on physical positioning*, Personality and Social Psychology Bulletin, 26(7), 755~761, 2000.

25.   쉬나 아이엔가. 선택의 심리학. 오혜경 역. 21세기북스. 2012.

26.   전경욱. 기린은 왜 철창을 죽도록 핥는가. 특집 '절규하는 동물원'. 주간동아. 2013.

27.   Russoniello, C. V., Fish, M., & O'Brien, K., *The efficacy of casual videogame play in reducing clinical depression: a randomized controlled study*, GAMES FOR HEALTH: Research, Development and Clinical Applications, 2(6), 341~346, 2013.

28.   Paes, T. M., & Ellefson, M. R., *Pretend play and the development of children's language skills*, Profession, 18~19, 2018.

29.   Eckerman, C. O. & Didow, S. M., *Lessons drawn from observing young peers together*, Acta Paediatrica, 77, 55~70, 1988.

30.   주디스 리치 해리스. 양육가설. 최수근 역. 이김. 2017.

31.   Suomi, S. J. and H. F. Harlow, *The role and reason of peer relationships in rhesus monkeys*, Friendship and peer relations, New York: Wiley, 1975.

32.   Harlow, Harry F. and Margaret Kuenne Harlow, *Social deprivation in monkeys*, Scientific american, 207.5, 136~150, 1962.

33.   Eisenberger, N. I., Lieberman, M. D., & Williams, K. D., *Does rejection hurt? An fMRI study of social exclusion*, Science, 302(5643), 290~292, 2003.

34.   Ehrenreich, B., *Dancing in the streets: A history of collective joy*, Macmillan, 2007.

35.   Launay, J., Tarr, B., & Dunbar, R. I., *Synchrony as an adaptive mechanism for large-scale human social bonding*, Ethology, 122(10), 779~789, 2016.

36. Fischer, R., Callander, R., Reddish, P., & Bulbulia, J., *How do rituals affect cooperation?*, Human Nature, 24(2), 115~125, 2013.

37. SK하이닉스 newsroom / https://news.skhynix.co.kr/2185

38. 김상균. 메타버스: 디지털 지구, 뜨는 것들의 세상. 플랜비디자인. 2020.

39. Shannon Liao, *How Roblox became the 'it' game for tweens -- and a massive business*, CNN Business, Oct. 29. 2020.

40. Lisa Eadicicco, *Apple CEO Tim Cook explains why you don't need a college degree to be successful*, Business Insider, Mar. 8. 2019.

41. 김용섭. 프로페셔널 스튜던트. 퍼블리온. 2021.

42. 박성진, 김상균. 교육 게이미피케이션 환경에서 바틀의 플레이어 유형간 학업 성취도 차이 검증. 한국게임학회지. 2017.

43. Van Oudenhoven, J. P., & Siero, F., *Evaluative feedback as a determinant of the Pygmalion effect*, Psychological reports, 57(3), 755~761, 1985.

44. Crum, A. J., & Langer, E. J., *Mind-set matters: Exercise and the placebo effect*, Psychological Science, 18(2), 165-17, 2007.

45. "It's funny how some distance makes everything seem small. And the fears that once controlled me can't get to me at all"

46. Tormala Zakary, L., & Petty, R. E., *What Doesn't Kill me Makes me Stronger: The Effects of Resisting Persuasion On Attitude Certainty*, Journal of Personality and Social Psychology, 37, 1660~1672, 2002.

47. 애덤 그랜트. 싱크 어게인: 모르는 것을 아는 힘. 이경식 역. 한국경제신문. 2021.

48. 리사 펠드먼 배럿. 감정은 어떻게 만들어지는가?. 최호영 역. 생각연구소. 2017.

49. Marcia, James E, *Development and validation of ego-identity status*, Journal of personality and social psychology, 3.5, 551, 1966.

50. Peterson, A. V., Kealey, K. A., Mann, S. L., Marek, P. M., & Sarason, I. G., *Hutchinson Smoking Prevention Project: long-term randomized trial in school-based tobacco use prevention—results on smoking*, JNCI: Journal of the National Cancer Institute, 92(24), 1979~1991, 2000.

51. Wakefield, M., Terry-McElrath, Y., Emery, S., Saffer, H., Chaloupka, F. J., Szczypka, G., ... & Johnston, L. D., *Effect of televised, tobacco company-funded smoking prevention advertising on youth smoking-related beliefs, intentions and behavior*, American Journal of Public Health, 96(12), 2154~2160, 2006.

52. Kakihara, F., & Tilton-Weaver, L., *Adolescents' interpretations of parental control: Differentiated by domain and types of control*, Child development, 80(6), 172~173, 2009.

53. Brehm, J. W., *Psychological reactance: Theory and applications*, ACR North American Advances, 1989.

54. 로버트 치알디니, 더글러스 켄릭, 스티븐 뉴버그. 사회심리학: 마음과 행동을 결정하는 사회적 상황의 힘. 김아영 역. 웅진지식하우스. 2020.

55. Baumeister, R. F., & Vohs, K. D., *The pursuit of meaningfulness in life*, Handbook of positive psychology, 1, 608~618, 2002.

56. 권석만. 긍정심리학: 행복의 과학적 탐구. 학지사. 2008.

57. Robak, R. W., & Griffin, P. W., *Purpose in life: What is its*

relationship to happiness, depression, and grieving?, North
American Journal of Psychology, 2000.

58. 조선희, 의미요법이 성인 및 노인 우울에 미치는 효과: 체계적
문헌고찰, J Korean Acad Psychiatr Ment Health Nurs, 28(4),
333~343, 2019.

59. McCullough, M. E., Emmons, R. A., & Tsang, J.-A., *The grateful
disposition: A conceptual and empirical topography*, Journal of
Personality and Social Psychology, 2002.

60. Ramirez, G., & Beilock, S. L., *Writing about testing worries boosts
exam performance in the classroom*, science, 331(6014), 211~213,
2011.

61. Maccoby, E. E., *Social development: Psychological growth and
the parent-child relationship*, Harcourt, 1980.

62. Vygotsky, L. S., *Play and its role in the mental development of the
child*, Soviet psychology, 5(3), 6~18, 1967.

63. 마틴 셀리그만. 학습된 낙관주의. 최호영 역. 21세기북스. 2008.

64. https://www.grac.or.kr/board/PlaceBoys.aspx?searchtext=&type=
view&bno=101&searchtype=004

65. Diener, E., & Wallbom, M., *Effects of self-awareness on
antinormative behavior*, Journal of Research in Personality, 10(1),
107~111, 1976.

66. Gueguen, N., & Pascual, A., *Evocation of freedom and compliance:
The "but you are free of⋯" technique*, Current research in social
psychology, 5(18), 264~270, 2000.

67. Stott, C., Adang, O., Livingstone, A., & Schreiber, M., *Tackling*

football hooliganism: A quantitative study of public order, policing and crowd psychology, Psychology, public policy, and law, 14(2), p.115, 2008.

68. Lally, P., Van Jaarsveld, C. H., Potts, H. W., & Wardle, J., *How are habits formed: Modelling habit formation in the real world*, European journal of social psychology, 40(6), 998~1009, 2010.

69. Oettingen, G., *Rethinking positive thinking: Inside the new science of motivation*, Current, 2015.